数II704 新編数学II〈準拠〉

スパイラル
数学II

　本書は，実教出版発行の教科書「新編数学II」の内容に完全準拠した問題集です。教科書と本書を一緒に勉強することで，教科書の内容を着実に理解し，学習効果が高められるよう編修してあります。

　教科書の例・例題・応用例題・章末問題・思考力PLUSに対応する問題には，教科書の該当ページが示してあります。教科書を参考にしながら，本書の問題をくり返し解くことによって，教科書の「基礎・基本の確実な定着」を図ることができます。

本書の構成

まとめと要項―― 項目ごとに，重要事項や要点をまとめました。

SPIRAL A―― 基礎的な問題です。教科書の例・例題に対応した問題です。

SPIRAL B―― やや発展的な問題です。主に教科書の応用例題に対応した問題です。

SPIRAL C―― 教科書の思考力PLUSや章末問題に対応した問題の他に，教科書にない問題も扱っています。

＊マーク―――― ＊印の問題だけを解いていけば，基本的な問題が一通り学習できるように配慮しました。

解答―――――― 巻末に，答の数値と図などをのせました。

別冊解答集―― それぞれの問題について，詳しく解答をのせました。

実教出版

学習の進め方

SPIRAL A

教科書の例・例題レベルで構成されています。反復的に学習することで理解を確かな
ものにしていきましょう。

> **67** 次の3次方程式を解け。　　　　　　　　　　　▶教p.40例16
> *(1) $x^3 = 27$　　　　　　　　　(2) $x^3 = -125$
> (3) $8x^3 - 1 = 0$　　　　　　　*(4) $27x^3 + 8 = 0$

SPIRAL B

教科書の応用例題のレベルの問題と，やや難易度の高い応用問題で構成されています。
SPIRAL A の練習を終えたあと，思考力を高めたい場合に取り組んでください。

> **85** $\dfrac{a}{b} = \dfrac{c}{d}$ のとき，次の等式を証明せよ。　　　　▶教p.47応用例題1
> (1) $\dfrac{a+c}{b+d} = \dfrac{ad+bc}{2bd}$　　　　*(2) $\dfrac{ac}{a^2-c^2} = \dfrac{bd}{b^2-d^2}$

SPIRAL C

教科書の思考力PLUSや章末問題レベルを含む，入試レベルの問題で構成されています。
「例題」に取り組んで思考力のポイントを理解してから，類題を解いていきましょう。

> 例題 18　点 A(1, 3) に関して，点 P(-2, 5) と対称な点 Q の座標を求めよ。
> ──対称点の座標
> ▶教p.104章末1
>
> 解　点 Q の座標を (a, b) とすると
> 線分 PQ の中点が点 A であるから
> $\dfrac{-2+a}{2} = 1,\ \dfrac{5+b}{2} = 3$
> これより $a = 4,\ b = 1$
> よって，点 Q の座標は $(4, 1)$ 答
>
>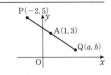
>
> *112 点 A(2, -1) に関して，点 P(5, 2) と対称な点 Q の座標を求めよ。

例 16 　3次方程式 $x^3 = 1$ を解いてみよう。

$x^3 - 1 = 0$ として左辺を因数分解すると

$(x-1)(x^2+x+1) = 0$ ←— $a^3 - b^3 = (a-b)(a^2+ab+b^2)$

ゆえに　　$x - 1 = 0$ または $x^2 + x + 1 = 0$

よって　　$x = 1,\ \dfrac{-1 \pm \sqrt{3}\,i}{2}$

新編数学Ⅱ　p.40

—— 条件つき等式の証明【2】

応用例題 1 　$\dfrac{x}{a} = \dfrac{y}{b}$ のとき，等式 $\dfrac{x+y}{a+b} = \dfrac{x-y}{a-b}$ を証明せよ。

考え方　$\dfrac{x}{a} = \dfrac{y}{b} = k$ とおいて，$x,\ y$ を $a,\ b,\ k$ で表す。

証明　$\dfrac{x}{a} = \dfrac{y}{b} = k$ とおくと，$x = ak,\ y = bk$

このとき　(左辺) $= \dfrac{x+y}{a+b} = \dfrac{ak+bk}{a+b} = \dfrac{k(a+b)}{a+b} = k$

　　　　　(右辺) $= \dfrac{x-y}{a-b} = \dfrac{ak-bk}{a-b} = \dfrac{k(a-b)}{a-b} = k$

よって　$\dfrac{x+y}{a+b} = \dfrac{x-y}{a-b}$ 　終

新編数学Ⅱ　p.47

1 　点 A(1, 2) に関して，点 B(5, 8) と対称な点 C の座標を求めよ。

新編数学Ⅱ　p.104　章末問題

4

目次

数学 Ⅱ

問題数 SPIRAL A：176（619）
　　　　 SPIRAL B：120（261）
　　　　 SPIRAL C：66（108）

合計問題数　362（988）

注：（　）内の数字は，各問題の小分けされた問題数

1節　式の計算

■ 3次式の乗法公式 ▶教p.4〜p.6

[1] $(a+b)^3 = a^3 + 3a^2b + 3ab^2 + b^3$
$(a-b)^3 = a^3 - 3a^2b + 3ab^2 - b^3$

[2] $(a+b)(a^2-ab+b^2) = a^3 + b^3$
$(a-b)(a^2+ab+b^2) = a^3 - b^3$

② 3次式の因数分解の公式

$a^3 + b^3 = (a+b)(a^2-ab+b^2)$
$a^3 - b^3 = (a-b)(a^2+ab+b^2)$

SPIRAL A

1　次の式を展開せよ。 ▶教p.4 例1

(1) $(x+4)^3$

(2) $(x-5)^3$

(3) $(2x+3)^3$

*(4) $(3x-1)^3$

*(5) $(3x+2y)^3$

*(6) $(-x+2y)^3$

2　次の式を展開せよ。 ▶教p.5 例2

(1) $(x+4)(x^2-4x+16)$

*(2) $(x-2)(x^2+2x+4)$

*(3) $(3x+2y)(9x^2-6xy+4y^2)$

(4) $(2x-5y)(4x^2+10xy+25y^2)$

(5) $(a-3b)(a^2+3ab+9b^2)$

*(6) $(4a+3b)(16a^2-12ab+9b^2)$

3　次の式を因数分解せよ。 ▶教p.6 例3

(1) x^3-27

(2) x^3+8y^3

*(3) $8x^3+125$

*(4) $64x^3-125y^3$

(5) $64a^3+1$

*(6) $1-a^3$

SPIRAL B

4 次の式を展開せよ。 ▶教 p.4 例1

*(1) $\left(3x - \dfrac{1}{3}\right)^3$　　　　(2) $(a + b + 1)^3$

5 次の式を展開せよ。 ▶教 p.5 例2

(1) $\left(x - \dfrac{1}{2}\right)\left(x^2 + \dfrac{x}{2} + \dfrac{1}{4}\right)$

(2) $(a - 2)^2(a^2 + 2a + 4)^2$

*(3) $(a + 2b)(a - 2b)(a^2 + 2ab + 4b^2)(a^2 - 2ab + 4b^2)$

6 次の式を因数分解せよ。 ▶教 p.6 例3

(1) $3x^3 + 24y^3$　　　　*(2) $27ax^3 - a$

(3) $a^3 - \dfrac{1}{8}b^3$　　　　(4) $x^3 - \dfrac{8}{27}$

*(5) $(x - y)^3 + 27$　　　　(6) $(2x + 1)^3 - 8$

7 次の式を因数分解せよ。

(1) $x^3 - x^2y - 2xy^2 + 8y^3$　　　　(2) $a^3 - 4a^2b + 12ab^2 - 27b^3$

SPIRAL C

置きかえによる因数分解

例題 1	次の式を因数分解せよ。 $x^6 - 7x^3 - 8$　　　　▶教 p.56 章末1

解　$x^3 = t$ とおくと　$x^6 = t^2$
よって
$$x^6 - 7x^3 - 8 = t^2 - 7t - 8$$
$$= (t + 1)(t - 8)$$
$$= (x^3 + 1)(x^3 - 8)$$
$$= (x + 1)(x^2 - x + 1)(x - 2)(x^2 + 2x + 4)$$
$$= \boldsymbol{(x + 1)(x - 2)(x^2 - x + 1)(x^2 + 2x + 4)}　答$$

8 次の式を因数分解せよ。

(1) $x^6 - 26x^3 - 27$　　　　(2) $a^6 - b^6$

ヒント　**7** (1) $(x^3 + 8y^3) - (x^2y + 2xy^2)$ と考える。

❖2 二項定理

◼1 パスカルの三角形

▶教 p.7〜p.11

$(a+b)^n$ の展開式の各項の係数を，右の図のように三角形状に並べたものを**パスカルの三角形**という。

パスカルの三角形の各段において，

(1) 両端の数は 1

(2) 数は左右対称

(3) 両端以外の数は，左上と右上の 2 数の和である。

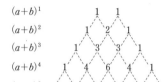

◼2 二項定理

$$(a+b)^n = {}_nC_0 a^n + {}_nC_1 a^{n-1}b + \cdots\cdots + {}_nC_r a^{n-r}b^r + \cdots\cdots + {}_nC_{n-1}ab^{n-1} + {}_nC_n b^n$$

上の $(a+b)^n$ の展開式において，各項の係数

$${}_nC_0, \ {}_nC_1, \ \cdots\cdots, \ {}_nC_r, \ \cdots\cdots, \ {}_nC_{n-1}, \ {}_nC_n$$

を**二項係数**といい，${}_nC_r a^{n-r}b^r$ を**一般項**という。

注 ${}_nC_r = \dfrac{n!}{r!(n-r)!}$ 　　ただし，${}_nC_0 = {}_nC_n = 1$

◼3 $(a+b+c)^n$ の展開式 (思考力➕)

$(a+b+c)^n$ の展開式における $a^p b^q c^r$ の項の係数は $\dfrac{n!}{p!\,q!\,r!}$

ただし，$p+q+r = n$

SPIRAL A

9 パスカルの三角形を利用して，次の式を展開せよ。 ▶教 p.7 例4

*(1) $(a+3)^4$ 　　　　(2) $(x+y)^7$

10 二項定理を利用して，次の式を展開せよ。 ▶教 p.9 例5

*(1) $(a+3b)^5$ 　　　　(2) $(x-2)^6$

(3) $(2x-y)^5$ 　　　　*(4) $(3x-2y)^4$

11 次の式の展開式において，[ ]内に指定された項の係数を求めよ。

▶教 p.10 例題1

*(1) $(3x+2)^5$ $[x^2]$ 　　　　(2) $(2x-3)^6$ $[x^4]$

*(3) $(x-2y)^7$ $[x^5y^2]$ 　　　　(4) $(x^2-y)^8$ $[x^{10}y^3]$

SPIRAL B

12 二項定理を利用して，$\left(x+\dfrac{1}{x}\right)^6$ を展開せよ。　　▶教p.9例5

13 次の等式を証明せよ。　　▶教p.10応用例題1

*(1)　$_nC_0 + 3_nC_1 + 3^2{_nC_2} + \cdots\cdots + 3^n{_nC_n} = 4^n$

(2)　$_nC_0 - \dfrac{_nC_1}{2} + \dfrac{_nC_2}{2^2} - \cdots\cdots + (-1)^n \cdot \dfrac{_nC_n}{2^n} = \left(\dfrac{1}{2}\right)^n$

*(3)　$_{2n}C_0 + _{2n}C_2 + \cdots\cdots + _{2n}C_{2n} = _{2n}C_1 + _{2n}C_3 + \cdots\cdots + _{2n}C_{2n-1}$

SPIRAL C

例題2　$(a+b+c)^n$ の展開式

$(a+2b-3c)^6$ の展開式における a^3b^2c の項の係数を求めよ。

▶教p.11思考力╋

解　$\{(a+2b)-3c\}^6$ を展開したときの一般項は
$$_6C_r(a+2b)^{6-r}(-3c)^r$$
c の次数が 1 になるのは $r=1$ のときである。
ゆえに，a^3b^2c の項は $_6C_1(a+2b)^5(-3c)$ の展開式に現れる。
ここで，$(a+2b)^5$ を展開したときの a^3b^2 の係数は
$$_5C_2 \times 2^2$$
したがって，求める a^3b^2c の項の係数は
$$_6C_1 \times _5C_2 \times 2^2 \times (-3) = 6 \times 10 \times 4 \times (-3) = -720 \quad \boxed{答}$$

別解　$(a+2b-3c)^6$ の展開式における $a^3(2b)^2(-3c)^1$ の項は
$$\dfrac{6!}{3!2!1!}a^3(2b)^2(-3c)^1 = \dfrac{6!}{3!2!1!} \times 2^2 \times (-3) \times a^3b^2c = -720a^3b^2c$$
よって，求める係数は　-720　$\boxed{答}$

14 次の式の展開式において，[　]内に指定された項の係数を求めよ。

(1)　$(2a-b+c)^5$　$[ab^2c^2]$　　　　(2)　$(x-3y-2z)^6$　$[xz^5]$

∺3　整式の除法

1 整式の除法の関係式

▶ 教p.12〜p.14

整式 A と 0 でない整式 B について

$A = BQ + R$ 　　ただし，$(R$ の次数$) < (B$ の次数$)$

が成り立つとき，A を B で割ったときの商が Q，余りが R であるという。

例　$A = 2x^3 - 3x^2 + x + 4$

$B = x^2 - 3x + 2$

のとき，$A \div B$ は右のように計算して

$2x^3 - 3x^2 + x + 4$

$= (x^2 - 3x + 2)(2x + 3) + 6x - 2$

よって，商は $2x + 3$，余りは $6x - 2$

$$
\begin{array}{r}
2x\ +3 \\
x^2-3x+2\overline{)2x^3-3x^2+\ x+4} \\
\underline{2x^3-6x^2+4x} \\
3x^2-3x+4 \\
\underline{3x^2-9x+6} \\
6x-2
\end{array}
$$

SPIRAL A

15　次の整式 A を整式 B で割ったときの商と余りを求めよ。　▶ 教p.13例題2

*(1)　$A = 2x^2 + 5x - 6,\ B = x + 3$

(2)　$A = 3x^2 + 4x - 6,\ B = 3x + 1$

*(3)　$A = x^3 - 3x^2 + 4x + 1,\ B = x - 2$

(4)　$A = 4x^3 - 5x^2 - 2x + 3,\ B = 4x + 3$

*(5)　$A = 4x^3 + x + 2,\ B = 2x - 1$

16　次の整式 A を整式 B で割ったときの商と余りを求めよ。　▶ 教p.13例題2

(1)　$A = 3x^3 - 2x^2 + x - 1,\ B = x^2 - 2x - 2$

*(2)　$A = 2x^3 - 7x^2 + 3,\ B = x^2 - 2x + 1$

(3)　$A = 2x^3 - 8x + 7,\ B = 2x^2 + 4x - 3$

*(4)　$A = 2x^3 + 3x^2 + 6,\ B = x^2 + 2$

17　次のような整式 A を求めよ。　▶ 教p.14例6

(1)　A を $x + 3$ で割ると，商が $x^2 + 2x - 3$ で余りが 5 である

*(2)　A を $x^2 - 3x - 4$ で割ると，商が $x + 1$ で余りが $2x + 3$ である

18　次のような整式 B を求めよ。　　　　　　　　　　　▶國p.14例題3
　(1)　整式 $x^2 - 4x - 6$ を B で割ると，商が $x - 6$ で余りが 6 である
　*(2)　整式 $2x^3 - x^2 + 3x - 1$ を B で割ると，商が $2x + 1$ で余りが -3 である
　(3)　整式 $6x^3 - 5x^2 - 3x + 7$ を B で割ると，商が $2x^2 - 3x + 1$ で余りが
　　　　5 である
　*(4)　整式 $x^3 - x^2 - 3x + 1$ を B で割ると，商が $x - 2$ で余りが $-3x + 5$
　　　　である

SPIRAL B

19　整式 A を $x - 3$ で割ると，商が Q で余りが 5 である。この商 Q を $x + 2$
　　　で割ると，商が $2x + 1$ で余りが -4 である。このとき，整式 A を求めよ。
　　　　　　　　　　　　　　　　　　　　　　　　　　　　▶國p.14例題3

*20　整式 A を $x - 1$ で割ると，商が Q で余りが 1 である。この商 Q を $x^2 + 1$
　　　で割ると，商が $x + 1$ で余りが $x - 2$ である。このとき，整式 A を求めよ。
　　　　　　　　　　　　　　　　　　　　　　　　　　　　▶國p.14例題3

文字を含む整式の除法

| 例題 3 | 整式 $A = 3x^2 - 4xy + 5y^2$, $B = x - 2y$ を x についての整式とみて，A を B で割ったときの商と余りを求めよ。 |

解　　y を数と同様に考えて，
　　　右の計算より
　　　　商は $\boldsymbol{3x + 2y}$，余りは $\boldsymbol{9y^2}$　答

$$
\begin{array}{r}
3x + 2y \\
x-2y\overline{\smash{)}\,3x^2 - 4yx + 5y^2} \\
\underline{3x^2 - 6yx} \\
2yx + 5y^2 \\
\underline{2yx - 4y^2} \\
9y^2
\end{array}
$$

21　次の整式 A, B を x についての整式とみて，A を B で割ったときの商と余
　　　りを求めよ。
　*(1)　$A = x^2 - 2xy - 3y^2$,　$B = x + y$
　(2)　$A = 3x^2 + 2xy + y^2$,　$B = 3x - y$
　*(3)　$A = x^3 - 6xy^2 + 5y^3$,　$B = x - 2y$
　(4)　$A = x^3 + x^2 y + xy^2 - 3y^3$,　$B = x^2 + 2xy + 3y^2$
　*(5)　$A = x^3 + x^2 y - xy^2 + y^3$,　$B = x^2 - xy + y^2$

*22　a, b を定数とする整式 $x^3 + ax^2 + b$ が整式 $x^2 + 4x + 4$ で割り切れるよう
　　　に，a, b の値を定めよ。

÷4 分数式

▶敎 p.15〜p.19

1 分数式

分数式   整式 A と 1 次以上の整式 B によって $\dfrac{A}{B}$ の形で表される式

   B を分母，A を分子という。

分数式の性質 $\dfrac{A}{B} = \dfrac{A \times C}{B \times C}$, $\dfrac{A}{B} = \dfrac{A \div C}{B \div C}$ （C は 0 でない整式）

約分   分数式の分母と分子を共通な因数で割ること

既約分数式   それ以上約分できない分数式

2 分数式の四則演算

乗法・除法 $\dfrac{A}{B} \times \dfrac{C}{D} = \dfrac{AC}{BD}$, $\dfrac{A}{B} \div \dfrac{C}{D} = \dfrac{A}{B} \times \dfrac{D}{C} = \dfrac{AD}{BC}$

加法・減法 $\dfrac{A}{C} + \dfrac{B}{C} = \dfrac{A+B}{C}$, $\dfrac{A}{C} - \dfrac{B}{C} = \dfrac{A-B}{C}$

SPIRAL A

23 次の式を約分して，既約分数式に直せ。 ▶敎 p.15 例7

(1) $\dfrac{6x^3 y}{8x^2 y^3}$

(2) $\dfrac{21x^2 y^5}{15x^4 y^3}$

(3) $\dfrac{3x+6}{x^2+4x+4}$

(4) $\dfrac{x^2-4}{x^2-3x+2}$

(5) $\dfrac{x^2-2x-3}{2x^2+x-1}$

(6) $\dfrac{x^2-9}{3x^2+11x+6}$

24 次の計算をせよ。 ▶敎 p.16 例8

(1) $\dfrac{5x-3}{4(x+2)} \times \dfrac{x+2}{(x+1)(5x-3)}$

*(2) $\dfrac{x+4}{x^2-4} \times \dfrac{x+2}{x^2+4x}$

(3) $\dfrac{x^2-9}{x+2} \div \dfrac{2x-6}{x^2+2x}$

*(4) $\dfrac{x^2-2x+1}{3x^2+5x+2} \div \dfrac{x^3-1}{3x^2-4x-4}$

25 次の計算をせよ。 ▶敎 p.16 例9

(1) $\dfrac{x+2}{x+3} + \dfrac{x+4}{x+3}$

*(2) $\dfrac{2x+6}{x-1} - \dfrac{3x+5}{x-1}$

(3) $\dfrac{x^2}{x^2-x-6} + \dfrac{2x}{x^2-x-6}$

*(4) $\dfrac{x^2}{3x^2+2x-1} - \dfrac{2x+3}{3x^2+2x-1}$

26 次の計算をせよ。 ▶敎 p.17 例10

(1) $\dfrac{3}{x+3} + \dfrac{5}{x-5}$

*(2) $\dfrac{x-1}{x-2} - \dfrac{x}{x+1}$

27 次の計算をせよ。　　　　　　　　　　　　　　　　　▶️教 p.17 例題4

(1) $\dfrac{1}{x(x+1)} + \dfrac{1}{(x+1)(x+2)}$　　*(2) $\dfrac{2}{x^2-4x-5} - \dfrac{1}{x^2-x-2}$

(3) $\dfrac{x-1}{x^2-2x-3} + \dfrac{x+5}{x^2-6x-7}$　　*(4) $\dfrac{x+8}{x^2+x-2} - \dfrac{x+5}{x^2-1}$

SPIRAL B

――――――――――――――――――――分母や分子に分数式を含む式の計算

例題 4

$\dfrac{1-\dfrac{3}{x}}{x-\dfrac{9}{x}}$ を簡単にせよ。　　　　　　　　　　　▶️教 p.19 思考力➕

解

$(分子) = 1 - \dfrac{3}{x} = \dfrac{x-3}{x}$,　　$(分母) = x - \dfrac{9}{x} = \dfrac{x^2-9}{x}$

よって $\dfrac{1-\dfrac{3}{x}}{x-\dfrac{9}{x}} = \dfrac{x-3}{x} \div \dfrac{x^2-9}{x}$　　← $\dfrac{(分子)}{(分母)} = (分子) \div (分母)$

$\qquad = \dfrac{x-3}{x} \times \dfrac{x}{x^2-9} = \dfrac{x-3}{x} \times \dfrac{x}{(x+3)(x-3)} = \dfrac{1}{x+3}$　**答**

28 次の式を簡単にせよ。

*(1) $\dfrac{x-\dfrac{16}{x}}{1+\dfrac{4}{x}}$　　　　(2) $\dfrac{x-\dfrac{9}{x}}{x-4+\dfrac{3}{x}}$　　　　*(3) $\dfrac{x-\dfrac{2}{x+1}}{1-\dfrac{2}{x+1}}$

SPIRAL C

――――――――――――――――――――分数式を含む対称式

例題 5

$x+\dfrac{1}{x} = \sqrt{3}$ のとき, $x^2+\dfrac{1}{x^2}$ および $x^3+\dfrac{1}{x^3}$ の値を求めよ。

解

$\left(x+\dfrac{1}{x}\right)^2 = x^2 + 2x\left(\dfrac{1}{x}\right) + \left(\dfrac{1}{x}\right)^2 = x^2 + 2 + \dfrac{1}{x^2}$

より $x^2+\dfrac{1}{x^2} = \left(x+\dfrac{1}{x}\right)^2 - 2 = (\sqrt{3})^2 - 2 = 1$　**答**

$\left(x+\dfrac{1}{x}\right)^3 = x^3 + 3x^2\left(\dfrac{1}{x}\right) + 3x\left(\dfrac{1}{x}\right)^2 + \left(\dfrac{1}{x}\right)^3 = x^3 + 3x + \dfrac{3}{x} + \dfrac{1}{x^3}$

$\qquad = x^3 + \dfrac{1}{x^3} + 3\left(x+\dfrac{1}{x}\right)$

より $x^3+\dfrac{1}{x^3} = \left(x+\dfrac{1}{x}\right)^3 - 3\left(x+\dfrac{1}{x}\right) = (\sqrt{3})^3 - 3\times\sqrt{3} = 0$　**答**

29 $x+\dfrac{1}{x} = \sqrt{5}$ のとき, $x^2+\dfrac{1}{x^2}$ および $x^3+\dfrac{1}{x^3}$ の値を求めよ。

2節　複素数と方程式

∴1　複素数

▶教 p.20〜p.25

1 複素数

　a, b を実数として，$a + bi$ の形で表される数を**複素数**といい，a を**実部**，b を**虚部**という。ただし，i は虚数単位で，$i^2 = -1$

　$b \neq 0$ である複素数 $a + bi$ を**虚数**という。とくに，$a = 0$, $b \neq 0$ のときの複素数 bi を**純虚数**という。

2 複素数の相等

$$a + bi = c + di \iff a = c \text{ かつ } b = d$$

とくに　$a + bi = 0 \iff a = 0 \text{ かつ } b = 0$

3 複素数の四則計算

　i を文字のように考えて計算する。

　加法・減法　実部と虚部をそれぞれ計算する。

　[1]　$(a + bi) + (c + di) = (a + c) + (b + d)i$

　[2]　$(a + bi) - (c + di) = (a - c) + (b - d)i$

　乗法・除法　i^2 を -1 と置きかえて計算する。

4 負の数の平方根

　$a > 0$ のとき，$\sqrt{-a} = \sqrt{a}\,i$　　とくに，$\sqrt{-1} = i$

　$a > 0$ のとき，負の数 $-a$ の**平方根**は，$\pm\sqrt{-a}$　すなわち　$\pm\sqrt{a}\,i$

5 $x^2 = k$ の解

　2次方程式 $x^2 = k$ の解は，$x = \pm\sqrt{k}$

SPIRAL A

30　次の複素数の実部と虚部を答えよ。また，(1)から(4)の中で純虚数はどれか。

▶教 p.21 例1

　(1)　$3 + 7i$　　　　　*(2)　$-2 - i$　　*(3)　$-6i$　　　*(4)　$1 + \sqrt{2}$

31　次の等式を満たす実数 x, y の値を求めよ。　　▶教 p.21 例2

　(1)　$2x + (3y + 1)i = -8 + 4i$　　*(2)　$3(x - 2) + (y + 4)i = 6 - yi$

　(3)　$(x + 2y) - (2x - y)i = 4 + 7i$　*(4)　$(x - 2y) + (y + 4)i = 0$

32　次の計算をせよ。　　▶教 p.22 例3

　(1)　$(2 + 5i) + (3 + 2i)$　　　　*(2)　$(4 - 3i) + (-3 + 2i)$

　(3)　$(3 + 8i) - (4 + 9i)$　　　　*(4)　$(5i - 4) - (-4i)$

33 次の計算をせよ。 ▶教p.22例4

*(1) $(2+3i)(1+4i)$　(2) $(3+5i)(2-i)$　(3) $(2-3i)(3-2i)$

*(4) $(1+3i)^2$　(5) $(1-i)^2$　*(6) $(4+3i)(4-3i)$

34 次の複素数と共役な複素数を答えよ。 ▶教p.23例5

*(1) $3+i$　(2) $-2i$　*(3) -6　(4) $\dfrac{-1+\sqrt{5}\,i}{2}$

35 次の計算をし，$a+bi$ の形にせよ。 ▶教p.23例6

(1) $\dfrac{1+2i}{3+2i}$　*(2) $\dfrac{3+2i}{1-2i}$

*(3) $\dfrac{1-i}{1+i}$　(4) $\dfrac{4}{3+i}$

(5) $\dfrac{2i}{1-i}$　*(6) $\dfrac{2-i}{5i}$

36 次の数を虚数単位 i を用いて表せ。 ▶教p.25例7

*(1) $\sqrt{-7}$　(2) $\sqrt{-25}$　*(3) -64 の平方根

37 次の計算をせよ。 ▶教p.25例8

*(1) $\sqrt{-2}\times\sqrt{-3}$　(2) $(\sqrt{-3}+1)^2$

*(3) $\dfrac{\sqrt{3}}{\sqrt{-4}}$　(4) $(\sqrt{2}-\sqrt{-3})(\sqrt{-2}-\sqrt{3})$

38 次の2次方程式を解け。 ▶教p.25例9

(1) $x^2=-2$　*(2) $x^2=-16$

(3) $9x^2=-1$　*(4) $4x^2+9=0$

SPIRAL B

39 次の計算をせよ。 ▶教p.22例4, p.23例6

(1) $(1+2i)^3$　*(2) $\dfrac{3i}{1+i}-\dfrac{5}{1-2i}$

(3) $\dfrac{3+i}{2-i}+\dfrac{2-i}{3+i}$　*(4) $\left(\dfrac{1+i}{1-i}\right)^3$

∴2 2次方程式

■ 2次方程式の解の公式

▶國 p.26〜p.33

2次方程式 $ax^2 + bx + c = 0$ の解は $x = \dfrac{-b \pm \sqrt{b^2 - 4ac}}{2a}$

とくに，$b = 2b'$ のとき $x = \dfrac{-b' \pm \sqrt{b'^2 - ac}}{a}$

注 本書では，2次方程式 $ax^2 + bx + c = 0$ の係数 a, b, c は実数とする。

■2 判別式

2次方程式 $ax^2 + bx + c = 0$ において，$\boldsymbol{D = b^2 - 4ac}$ を，この2次方程式の**判別式**といい，次のことが成り立つ。

[1] $D > 0 \iff$ 異なる2つの実数解をもつ

[2] $D = 0 \iff$ 重解（実数解）をもつ $\quad$ } $\quad D \geqq 0 \iff$ 実数解をもつ

[3] $D < 0 \iff$ 異なる2つの虚数解をもつ

■3 解と係数の関係

2次方程式 $ax^2 + bx + c = 0$ の2つの解を α, β とすると

$\alpha + \beta = -\dfrac{b}{a}$, $\alpha\beta = \dfrac{c}{a}$

■4 2次式の因数分解

2次方程式 $ax^2 + bx + c = 0$ の2つの解を α, β とすると

$ax^2 + bx + c = a(x - \alpha)(x - \beta)$

■5 2数 α, β を解とする2次方程式

2数 α, β を解とする2次方程式の1つは

$x^2 - (\alpha + \beta)x + \alpha\beta = 0$

SPIRAL A

40 次の2次方程式を解け。

▶國 p.27 例題1

*(1) $2x^2 + 5x + 1 = 0$

(2) $x^2 - 4x + 1 = 0$

*(3) $9x^2 + 12x + 4 = 0$

*(4) $2x^2 - 4x + 5 = 0$

(5) $x^2 - x + 1 = 0$

(6) $-3x^2 + 2x + 1 = 0$

*(7) $2x^2 + 2\sqrt{3}\,x + 5 = 0$

*(8) $2x^2 + 7 = 0$

41 次の2次方程式の解を判別せよ。

▶國 p.29 例題2

(1) $2x^2 + 5x + 3 = 0$

*(2) $3x^2 - 4x + 2 = 0$

(3) $25x^2 - 10x + 1 = 0$

*(4) $-x^2 - x + 1 = 0$

*(5) $x^2 + 2\sqrt{5}\,x + 5 = 0$

(6) $4x^2 + 3 = 0$

42 次の2次方程式について，2つの解 α, β の和と積を求めよ。　▶國 p.30 例10
 (1) $2x^2 - 5x + 3 = 0$ *(2) $x^2 - x - 1 = 0$
 (3) $-6x^2 + 3x - 4 = 0$ *(4) $3x^2 + 2x = 0$

43 2次方程式 $2x^2 - x - 4 = 0$ の2つの解を α, β とするとき，次の式の値
を求めよ。　▶國 p.31 例題3
 *(1) $(\alpha + 3)(\beta + 3)$ (2) $\alpha^2 - \alpha\beta + \beta^2$
 *(3) $\dfrac{\beta + 1}{\alpha} + \dfrac{\alpha + 1}{\beta}$ (4) $\alpha^3 + \beta^3$

44 2次方程式 $x^2 + 10x + m = 0$ について，1つの解が他の解の4倍である
とき，定数 m の値と2つの解を求めよ。　▶國 p.31 例題4

45 次の2次式を，複素数の範囲で因数分解せよ。　▶國 p.32 例題5
 *(1) $2x^2 - 4x - 1$ (2) $x^2 - x + 1$
 (3) $3x^2 - 6x + 5$ *(4) $x^2 + 4$

46 次の2数を解とする2次方程式を1つ求めよ。　▶國 p.33 例11
 *(1) 3, -4 (2) $2 + \sqrt{5}$, $2 - \sqrt{5}$ *(3) $1 + 4i$, $1 - 4i$

47 2次方程式 $2x^2 + x - 2 = 0$ の2つの解を α, β とするとき，次の2数を
解とする2次方程式を1つ求めよ。　▶國 p.33 例題6
 *(1) $2\alpha + 1$, $2\beta + 1$ (2) $\dfrac{3}{\alpha}$, $\dfrac{3}{\beta}$ *(3) α^3, β^3

SPIRAL **B**

48 2次方程式 $x^2 + (m - 3)x + 1 = 0$ が次のような解をもつとき，定数 m
の値の範囲を求めよ。　▶國 p.29 応用例題1
 (1) 異なる2つの実数解   (2) 異なる2つの虚数解

*49 2次方程式 $x^2 + 2mx + m + 2 = 0$ が次のような解をもつとき，定数 m
の値の範囲を求めよ。　▶國 p.29 応用例題1
 (1) 実数解   (2) 異なる2つの虚数解

50 4次式 $x^4 - x^2 - 6$ を，次の範囲で因数分解せよ。 ▶數 p.32 例題5

   (1) 有理数   (2) 実数   (3) 複素数

51 2次方程式 $x^2 - 4x + m = 0$ について，2つの解の差が4であるとき，定数 m の値と2つの解を求めよ。

和と積が与えられた2つの数

例題 6 和が -3，積が1となる2つの数を求めよ。

解 求める2つの数を α, β とすると $\alpha + \beta = -3$, $\alpha\beta = 1$ であるから，α, β は

$x^2 - (-3)x + 1 = 0$ すなわち $x^2 + 3x + 1 = 0$ の解である。

これを解くと $x = \dfrac{-3 \pm \sqrt{5}}{2}$

よって，求める2つの数は $\dfrac{-3+\sqrt{5}}{2}$, $\dfrac{-3-\sqrt{5}}{2}$ **答**

52 次のようになる2つの数を求めよ。

   *(1) 和が7，積が4   (2) 和が3，積が3

SPIRAL C

解と係数の関係を利用した証明

例題 7 p を定数とし，2次方程式 $(x-p)^2 + 2(x-p) + p = 0$ の2つの解を α, β とする。このとき，$(p-\alpha)(p-\beta) = p$ であることを示せ。

考え方 2次方程式 $ax^2 + bx + c = 0$ が2つの解 α, β をもつとき
      $ax^2 + bx + c = a(x-\alpha)(x-\beta)$

証明 2つの解が α, β であり，x^2 の項の係数が1である2次方程式は $(x-\alpha)(x-\beta) = 0$ と表される。

   ゆえに $(x-p)^2 + 2(x-p) + p = (x-\alpha)(x-\beta)$

   両辺に $x = p$ を代入すると $(p-p)^2 + 2(p-p) + p = (p-\alpha)(p-\beta)$

   よって $(p-\alpha)(p-\beta) = p$ **終**

別解 $(x-p)^2 + 2(x-p) + p = 0$ を整理すると $x^2 - 2(p-1)x + p^2 - p = 0$

   解と係数の関係より $\alpha + \beta = 2(p-1)$, $\alpha\beta = p^2 - p$

   ゆえに $(p-\alpha)(p-\beta) = p^2 - (\alpha+\beta)p + \alpha\beta$

                        $= p^2 - 2(p-1)p + p^2 - p = p$

   よって $(p-\alpha)(p-\beta) = p$ **終**

53 2次方程式 $2x^2 - px + 3p + q = 0$ の2つの解を α, β とするとき，$(1-\alpha)(1-\beta)$ を p, q で表せ。

思考力 PLUS 2次方程式の実数解の符号

1 2次方程式の実数解の符号

2次方程式 $ax^2 + bx + c = 0$ の解を α, β とし, 判別式を D とする。

α, β が実数, すなわち $D \geqq 0$ であるとき, 次のことが成り立つ。

$\alpha > 0$, $\beta > 0 \iff \alpha + \beta > 0$, $\alpha\beta > 0$

$\alpha < 0$, $\beta < 0 \iff \alpha + \beta < 0$, $\alpha\beta > 0$

α と β が異符号 $\iff \alpha\beta < 0$

なお, $\alpha\beta < 0$ ならば, 解と係数の関係より

$$\alpha\beta = \frac{c}{a} = \frac{ac}{a^2} < 0$$

であるから, $ac < 0$ となり, $D = b^2 - 4ac > 0$ が成り立つ。

よって, $\alpha\beta < 0$ ならば, 2次方程式は異なる2つの実数解をもつ。

ゆえに, 次のことが成り立つ。

2次方程式 $ax^2 + bx + c = 0$ の2つの解を α, β, 判別式を D とすると

α, β は異なる2つの正の解 $\iff D > 0$, $\alpha + \beta > 0$, $\alpha\beta > 0$

α, β は異なる2つの負の解 $\iff D > 0$, $\alpha + \beta < 0$, $\alpha\beta > 0$

α, β は異なる符号の解 $\iff \alpha\beta < 0$

SPIRAL C

―――――――――解の符号と解と係数の関係

例題 8

2次方程式 $x^2 - 2mx - m + 6 = 0$ が異なる2つの正の解をもつように, 定数 m の値の範囲を定めよ。

解

2次方程式 $x^2 - 2mx - m + 6 = 0$ の判別式を D とすると

$$D = (-2m)^2 - 4 \times 1 \times (-m + 6) = 4(m^2 + m - 6) = 4(m - 2)(m + 3)$$

異なる2つの正の実数解を α, β とすると, 解と係数の関係より

$\alpha + \beta = 2m$, $\alpha\beta = -m + 6$

$D > 0$, $\alpha + \beta > 0$, $\alpha\beta > 0$ であればよいから

$(m - 2)(m + 3) > 0$ より $m < -3$, $2 < m$ ……①

$2m > 0$ より $0 < m$ ……②

$-m + 6 > 0$ より $m < 6$ ……③

①, ②, ③より, 求める定数 m の値の範囲は

$\mathbf{2 < m < 6}$ 答

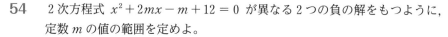

54 2次方程式 $x^2 + 2mx - m + 12 = 0$ が異なる2つの負の解をもつように, 定数 m の値の範囲を定めよ。

55 2次方程式 $x^2 + 2(m - 1)x - m + 3 = 0$ が異なる符号の解をもつように, 定数 m の値の範囲を定めよ。

❖3　因数定理

▶國 p.34～p.39

1 剰余の定理
　整式 $P(x)$ を1次式 $x-\alpha$ で割ったときの余り R は　　$R = P(\alpha)$

2 因数定理
　整式 $P(x)$ が $x-\alpha$ を因数にもつ $\iff P(\alpha) = 0$

3 組立除法 (思考力＋)
　整式 $P(x) = ax^3 + bx^2 + cx + d$ を
1次式 $x-\alpha$ で割ったとき，商と余り
は，右のように計算して
　　商　$lx^2 + mx + n$
　　余り　R
このような割り算の方法を，**組立除法**という。

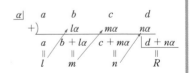

SPIRAL A

56 $P(x) = 3x^2 - 4x - 4$ とするとき，次の値を求めよ。　▶國 p.34 例12
　　*(1)　$P(1)$　　　　(2)　$P(0)$　　　*(3)　$P(-2)$　　*(4)　$P(\sqrt{3})$

57 次の整式を [ ] 内の1次式で割ったときの余りを求めよ。　▶國 p.35 例13
　　(1)　$x^3 - 3x + 4$　$[x-2]$　　　　(2)　$2x^3 + x^2 - 4x - 3$　$[x+1]$
　　(3)　$2x^3 + 3x^2 - 5x - 6$　$[x+3]$

58 次の条件を満たすような定数 k の値を求めよ。　▶國 p.35 例題7
　　*(1)　$x^3 - 3x^2 - 4x + k$ を $x-2$ で割ったとき，余りが -5 となる
　　(2)　$x^3 + kx^2 - 2x + 3$ を $x+1$ で割ったとき，余りが3となる
　　*(3)　$x^3 - 2x^2 - kx - 5$ を $x-1$ で割ったとき，割り切れる

*59 $x+1$, $x-2$, $x+3$ のうち，次の整式が因数にもつものはどれか。
▶國 p.37 例14
　　(1)　$P(x) = x^3 - 2x^2 - 5x + 10$　　(2)　$P(x) = 2x^3 + 5x^2 - 6x - 9$

*60 整式 $P(x) = x^3 - 3x^2 + mx + 6$ が次のような因数をもつとき，定数 m の値をそれぞれ求めよ。
▶國 p.37 例15
　　(1)　$x-3$　　　　　　　　　(2)　$x+1$

61 因数定理を用いて，次の式を因数分解せよ。　　　　　　　　▶國p.38例題8

(1) $x^3 - 4x^2 + x + 6$ 　　　　　　　　*(2) $x^3 + 4x^2 - 3x - 18$

(3) $x^3 - 6x^2 + 12x - 8$ 　　　　　　*(4) $2x^3 - 3x^2 - 11x + 6$

SPIRAL B

*62 整式 $P(x) = x^3 + ax^2 - x + b$ は，$x + 1$ で割ると -3 余り，$x - 2$ で割り切れる。このとき，定数 a，b の値を求めよ。　　　　▶國p.35例題7

*63 整式 $P(x)$ は $x - 2$ で割ると -1 余り，$x - 3$ で割ると 2 余るという。

$P(x)$ を $(x - 2)(x - 3)$ で割ったときの余りを求めよ。　▶國p.36応用例題2

64 整式 $P(x)$ を 1 次式 $ax + b$ で割ったときの商を $Q(x)$，余りを R とする。このとき，次の問いに答えよ。

(1) $P(x)$ を $ax + b$，$Q(x)$，R を用いて表せ。

(2) $R = P\left(-\dfrac{b}{a}\right)$ であることを示せ。

(3) 整式 $P(x) = 2x^3 + 5x^2 - 7x + 6$ を $2x - 1$ で割ったときの余りを求めよ。

65 因数定理を用いて，次の式を因数分解せよ。　　　　　　　　▶國p.38例題8

(1) $x^4 - 2x^3 - 3x^2 + 8x - 4$ 　　　　　*(2) $x^4 + 4x^3 + x^2 - 4x - 2$

SPIRAL C

組立除法

例題 9	組立除法により，次の割り算を行い，商と余りを求めよ。　▶國p.39思考力✦

$$(x^3 + 2x^2 - 5x - 4) \div (x + 3)$$

解	右の組立除法より，商は $x^2 - x - 2$，余りは 2 　答	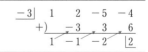

66 組立除法により，次の割り算を行い，商と余りを求めよ。

(1) $(2x^3 - x^2 + 4x - 5) \div (x - 2)$ 　　(2) $(x^3 - 10x - 6) \div (x + 4)$

(3) $(x^4 - 4x^3 + 2x^2 + 3x - 4) \div (x + 1)$

ヒント 65 まず，4次式の因数を1つ求め，その因数で割った商の因数を求める。

∵4　高次方程式

1 高次方程式　　　　　　　　　　　　　　　　　　　▶教p.40〜p.42

高次方程式 $P(x) = 0$ は，次のような方法で $P(x)$ を因数分解して解ける場合がある。
(1) 置きかえなどを工夫し，因数分解の公式を利用する。
(2) 因数定理を利用する。

SPIRAL A

67 次の3次方程式を解け。　　　　　　　　　　　　　　▶教p.40 例16

*(1) $x^3 = 27$ 　　　　　　　　(2) $x^3 = -125$

(3) $8x^3 - 1 = 0$ 　　　　　　*(4) $27x^3 + 8 = 0$

68 次の4次方程式を解け。　　　　　　　　　　　　　　▶教p.41 例題9

(1) $x^4 + 3x^2 - 4 = 0$ 　　　*(2) $x^4 - x^2 - 30 = 0$

*(3) $x^4 - 16 = 0$ 　　　　　　(4) $81x^4 - 1 = 0$

69 次の3次方程式を解け。　　　　　　　　　　　　　　▶教p.41 例題10

(1) $x^3 - 7x^2 + x + 5 = 0$ 　*(2) $x^3 + 4x^2 - 8 = 0$

(3) $x^3 - 2x^2 + x + 4 = 0$ 　*(4) $x^3 - 9x^2 + 25x - 21 = 0$

(5) $2x^3 - 3x^2 - 3x + 2 = 0$ 　*(6) $3x^3 + 2x^2 - 12x - 8 = 0$

SPIRAL B

70 次の4次方程式を解け。　　　　　　　　　　　　　　▶教p.41 例題9

*(1) $2x^4 - x^3 - x^2 + x - 1 = 0$ 　(2) $x^4 + x^3 + 6x - 36 = 0$

71 3次方程式 $x^3 + px^2 + qx + 20 = 0$ の解の1つが $1 - 3i$ のとき，実数 p, q の値を求めよ。また，他の解を求めよ。　　　　▶教p.42 応用例題3

———————————————————————— 4次方程式

例題 10　4次方程式 $(x^2-1)^2+(x^2-1)-2=0$ を解け。　　▶数 p.56 章末6

解　$x^2-1=A$ とおくと　　$A^2+A-2=0$
　　左辺を因数分解すると
　　　　　　$(A+2)(A-1)=0$
　　　　　　$(x^2-1+2)(x^2-1-1)=0$
　　　　　　$(x^2+1)(x^2-2)=0$
　　ゆえに　$x^2+1=0$ または $x^2-2=0$
　　よって　$x=\pm i,\ \pm\sqrt{2}$　答

72　次の4次方程式を解け。

(1)　$(x^2-2)^2+7(x^2-2)+6=0$　　*(2)　$(x^2+1)^2-4(x^2+1)-12=0$

73　次の方程式を解け。

*(1)　$(x^2+x-1)(x^2+x-3)=8$　　(2)　$x(x+1)(x-2)(x+3)=-9$

SPIRAL C

————————————————————— 高次方程式の虚数解

例題 11　$x=2-i$ のとき，次の問いに答えよ。　　▶数 p.57 章末9

(1)　$x^2-4x+5=0$ となることを示せ。

(2)　(1)の結果を利用して，$x^3-x^2-6x+14$ の値を求めよ。

解　(1)　$x=2-i$ より　$x-2=-i$
　　　　両辺を2乗すると，$(x-2)^2=(-i)^2$ より　$x^2-4x+5=0$　終
　　(2)　$x^3-x^2-6x+14$ を x^2-4x+5 で割ると，下の計算より
　　　　　$x^3-x^2-6x+14=(x^2-4x+5)(x+3)+x-1$
　　　　(1)より，$x=2-i$ のとき　$x^2-4x+5=0$
　　　　であるから
　　　　　$(x^2-4x+5)(x+3)+x-1$
　　　　に $x=2-i$ を代入すると
　　　　　$0\times(2-i+3)+(2-i)-1=1-i$　答

$$\begin{array}{r}x+3\\x^2-4x+5\overline{)x^3-\ x^2-\ 6x+14}\\\underline{x^3-4x^2+\ 5x}\\3x^2-11x+14\\\underline{3x^2-12x+15}\\x-\ 1\end{array}$$

74　$x=1+3i$ のとき，次の問いに答えよ。

(1)　$x^2-2x+10=0$ となることを示せ。

(2)　(1)の結果を利用して，$x^3-3x^2+11x-6$ の値を求めよ。

ヒント　73 (1)　$x^2+x=A$ とおく。

75 底面積が $27\,\mathrm{cm}^2$ の直方体の高さは，同じ体積の立方体の辺の長さより $2\,\mathrm{cm}$ 大きいという。この直方体の高さを求めよ。　　　▶國p.57章末12

例題 12 ━━━━━━━━━━━━━━━━━━━━━━━━━━━ 3 次方程式の解の判別

3 次方程式 $x^3+(m-2)x-m+1=0$ が 2 重解をもつとき，定数 m の値を求めよ。ただし，m は実数とする。

考え方 $(x-\alpha)(x^2+qx+r)=0$ の形に因数分解される 3 次方程式が 2 重解をもつ場合は，次の 2 通りの場合がある。

(i) $x^2+qx+r=0$ が α と α 以外の解をもつ

(ii) $x^2+qx+r=0$ が α 以外の重解をもつ

解 $P(x)=x^3+(m-2)x-m+1$ とおくと

$\quad P(1)=1^3+(m-2)\times1-m+1=0$

よって，$P(x)$ は $x-1$ を因数にもち

右の計算より

$\quad P(x)=(x-1)(x^2+x+m-1)$

と因数分解できる。

ゆえに，$P(x)=0$ より $x-1=0$

または $x^2+x+m-1=0$

$$
\begin{array}{r}
x^2+\ x\ +(m-1) \\
x-1{\overline{\smash{\big)}\,x^3\qquad\ +(m-2)x-\ m+1}} \\
\underline{x^3-x^2} \\
x^2+(m-2)x \\
\underline{x^2-\qquad\ x} \\
(m-1)x-\ m+1 \\
\underline{(m-1)x-\ m+1} \\
0
\end{array}
$$

(i) $x^2+x+m-1=0$ が 1 を解にもつ場合

$\quad 1^2+1+m-1=0$ より $m=-1$

このとき，$P(x)=(x-1)(x^2+x-2)=(x-1)^2(x+2)$

よって，$P(x)=0$ は，2 重解 1 と -2 を解にもつ。

(ii) $x^2+x+m-1=0$ が重解をもつ場合

2 次方程式 $x^2+x+m-1=0$ の判別式を D とすると

$\quad D=1^2-4(m-1)=-4m+5$

2 次方程式が重解をもつのは $D=0$ のときである。

ゆえに $-4m+5=0$ より $m=\dfrac{5}{4}$

このとき，$P(x)=(x-1)\Big(x^2+x+\dfrac{1}{4}\Big)=(x-1)\Big(x+\dfrac{1}{2}\Big)^2$

よって，$P(x)=0$ は，2 重解 $-\dfrac{1}{2}$ と 1 を解にもつ。

(i), (ii)より $\ \boldsymbol{m=-1,\ \dfrac{5}{4}}$ 答

---

76 3 次方程式 $x^3+(m-4)x-2m=0$ が 2 重解をもつとき，定数 m の値を求めよ。ただし，m は実数とする。

77 3 次方程式 $x^3+x^2+(m-6)x+3m=0$ が 2 重解をもつとき，定数 m の値を求めよ。ただし，m は実数とする。

78 3次方程式 $ax^3 + bx^2 + cx + d = 0$ の3つの解を α, β, γ とするとき，次の3次方程式の解と係数の関係が成り立つことを示せ。

$$\alpha + \beta + \gamma = -\frac{b}{a}, \ \alpha\beta + \beta\gamma + \gamma\alpha = \frac{c}{a}, \ \alpha\beta\gamma = -\frac{d}{a}$$

―――――――――――――――3次方程式の解と係数の関係

例題 13 3次方程式 $x^3 - 3x^2 + 2x + 4 = 0$ の3つの解を α, β, γ とするとき，次の式の値を求めよ。

(1) $\alpha + \beta + \gamma$, $\alpha\beta + \beta\gamma + \gamma\alpha$, $\alpha\beta\gamma$

(2) $\alpha^2 + \beta^2 + \gamma^2$

(3) $\dfrac{1}{\alpha} + \dfrac{1}{\beta} + \dfrac{1}{\gamma}$

考え方 (1) 78 の3次方程式の解と係数の関係を用いる。

(2) $(a+b+c)^2 = a^2 + b^2 + c^2 + 2ab + 2bc + 2ca$ と(1)を利用する。

(3) 通分して(1)を利用する。

解 (1) 3次方程式の解と係数の関係から

$\alpha + \beta + \gamma = 3$, $\alpha\beta + \beta\gamma + \gamma\alpha = 2$, $\alpha\beta\gamma = -4$ **答**

(2) $(\alpha + \beta + \gamma)^2 = \alpha^2 + \beta^2 + \gamma^2 + 2\alpha\beta + 2\beta\gamma + 2\gamma\alpha$ であるから

$\alpha^2 + \beta^2 + \gamma^2 = (\alpha + \beta + \gamma)^2 - 2(\alpha\beta + \beta\gamma + \gamma\alpha)$

(1)より $\alpha^2 + \beta^2 + \gamma^2 = 3^2 - 2 \times 2 = 5$ **答**

(3) $\dfrac{1}{\alpha} + \dfrac{1}{\beta} + \dfrac{1}{\gamma} = \dfrac{\beta\gamma}{\alpha\beta\gamma} + \dfrac{\gamma\alpha}{\alpha\beta\gamma} + \dfrac{\alpha\beta}{\alpha\beta\gamma} = \dfrac{\alpha\beta + \beta\gamma + \gamma\alpha}{\alpha\beta\gamma}$

であるから，(1)より

$\dfrac{1}{\alpha} + \dfrac{1}{\beta} + \dfrac{1}{\gamma} = \dfrac{2}{-4} = -\dfrac{1}{2}$ **答**

79 3次方程式 $x^3 + 5x^2 + 3x - 2 = 0$ の3つの解を α, β, γ とするとき，次の式の値を求めよ。

(1) $\alpha + \beta + \gamma$, $\alpha\beta + \beta\gamma + \gamma\alpha$, $\alpha\beta\gamma$

(2) $\alpha^2 + \beta^2 + \gamma^2$

(3) $\dfrac{1}{\alpha} + \dfrac{1}{\beta} + \dfrac{1}{\gamma}$

ヒント 78 α, β, γ を解とする3次方程式の1つは $(x-\alpha)(x-\beta)(x-\gamma) = 0$

$ax^3 + bx^2 + cx + d = 0$ は，$a \neq 0$ より $x^3 + \dfrac{b}{a}x^2 + \dfrac{c}{a}x + \dfrac{d}{a} = 0$ と変形できる。

3節　式と証明

| ∵1 | 等式の証明 |

▶ 教 p.44〜p.47

1 恒等式

$ax^2 + bx + c = a'x^2 + b'x + c'$ が x についての恒等式

$\iff a = a',\ b = b',\ c = c'$

$ax^2 + bx + c = 0$ が x についての恒等式

$\iff a = b = c = 0$

2 等式の証明

等式 $A = B$ の証明は，次のいずれかの方法で証明すればよい。

[1]　A を変形して B を導く。または，B を変形して A を導く。

[2]　$A,\ B$ をそれぞれ変形して，同じ式を導く。

[3]　$A,\ B$ の差をとって，$A - B = 0$ を導く。

3 条件つき等式の証明

(1)　条件式を利用して文字を減らし，等式を証明する。

(2)　条件式が $\dfrac{x}{a} = \dfrac{y}{b}$ の形のとき，$\dfrac{x}{a} = \dfrac{y}{b} = k$ とおいて等式を証明する。

| SPIRAL | A |

80　次の等式が x についての恒等式であるとき，定数 $a,\ b,\ c$ の値を求めよ。

(1)　$2x + 6 = a(x + 1) + b(x - 3)$ ▶ 教 p.45 例題1

*(2)　$x^2 + 4x + 6 = a(x + 1)^2 + b(x + 1) + c$

(3)　$2x^2 - 3x + 4 = a(x - 1)^2 + b(x - 1) + c$

*(4)　$(2a + b)x^2 + (c - 3)x + (a + c) = 0$

81　次の等式を証明せよ。 ▶ 教 p.46 例題2

(1)　$(a + 2b)^2 - (a - 2b)^2 = 8ab$

*(2)　$(ax + b)^2 + (a - bx)^2 = (a^2 + b^2)(x^2 + 1)$

*(3)　$(a^2 + 1)(b^2 + 1) = (ab - 1)^2 + (a + b)^2$

82　$a + b = 1$ のとき，次の等式を証明せよ。 ▶ 教 p.47 例題3

(1)　$a^2 + b^2 = 1 - 2ab$ 　　　　*(2)　$a^2 + 2b = b^2 + 1$

SPIRAL B

例題 14 ——分数式を含む恒等式

次の等式が x についての恒等式であるとき，定数 a, b の値を求めよ。

$$\frac{2x-1}{(x-2)(x+1)} = \frac{a}{x-2} + \frac{b}{x+1}$$

▶教 p.56 章末7

解

$$\frac{a}{x-2} + \frac{b}{x+1} = \frac{a(x+1)+b(x-2)}{(x-2)(x+1)}$$

$$= \frac{(a+b)x+a-2b}{(x-2)(x+1)}$$

より $\quad \dfrac{2x-1}{(x-2)(x+1)} = \dfrac{(a+b)x+a-2b}{(x-2)(x+1)}$

よって $\quad \begin{cases} a+b=2 \\ a-2b=-1 \end{cases}$

これを解いて $\quad a=1, \ b=1$ 答

83 次の等式が x についての恒等式であるとき，定数 a, b の値を求めよ。

*(1) $\quad \dfrac{2}{(x+1)(x-1)} = \dfrac{a}{x-1} + \dfrac{b}{x+1}$

(2) $\quad \dfrac{3x-2}{2x^2-x-3} = \dfrac{a}{x+1} + \dfrac{b}{2x-3}$

84 $a+b+c=0$ のとき，次の等式を証明せよ。 ▶教 p.47 例題3

(1) $a^2-bc = b^2-ca$

(2) $(b+c)(c+a)(a+b)+abc=0$

85 $\dfrac{a}{b} = \dfrac{c}{d}$ のとき，次の等式を証明せよ。 ▶教 p.47 応用例題1

(1) $\dfrac{a+c}{b+d} = \dfrac{ad+bc}{2bd}$

*(2) $\dfrac{ac}{a^2-c^2} = \dfrac{bd}{b^2-d^2}$

86 $\dfrac{x}{2} = \dfrac{y}{3}$ のとき，次の式の値を求めよ。ただし，$x \neq 0$, $y \neq 0$ とする。

(1) $\dfrac{x+3y}{3x+y}$

*(2) $\dfrac{3x^2+4y^2}{x^2+y^2}$

❖2 不等式の証明

▶教 p.48〜p.54

❶ 不等式の基本性質
[1] $a < b$, $b < c$ のとき　　$a < c$

[2] $a < b$ のとき　　　　　　$a + c < b + c$, $a - c < b - c$

[3] $a < b$ のとき, $c > 0$ ならば　　$ac < bc$, $\dfrac{a}{c} < \dfrac{b}{c}$

　　　　　　　　　　$c < 0$ ならば　　$ac > bc$, $\dfrac{a}{c} > \dfrac{b}{c}$

❷ 実数の性質
[1] $a^2 \geqq 0$　　　　（等号が成り立つのは $a = 0$ のとき）

[2] $a^2 + b^2 \geqq 0$　（等号が成り立つのは $a = b = 0$ のとき）

❸ 不等式の証明
不等式 $A > B$ の証明は, $A - B > 0$ を示せばよい。

❹ 平方の大小関係
$a > 0$, $b > 0$ のとき
$$a^2 > b^2 \iff a > b, \qquad a^2 \geqq b^2 \iff a \geqq b$$

❺ 相加平均と相乗平均の大小関係
$a > 0$, $b > 0$ のとき, $\dfrac{a + b}{2} \geqq \sqrt{ab}$　（等号が成り立つのは $a = b$ のとき）

SPIRAL A

87　$a > b$ のとき，次の不等式を証明せよ。　　　　　　　▶教 p.49 例題4

(1)　$3a - b > a + b$　　　　　　　　　*(2)　$\dfrac{a + 3b}{4} > \dfrac{a + 4b}{5}$

88　次の不等式を証明せよ。また，等号が成り立つのはどのようなときか。

(1)　$x^2 + 9 \geqq 6x$　　　　　　　　　*(2)　$x^2 + 1 \geqq 2x$　　▶教 p.50 例題5

(3)　$9x^2 + 4y^2 \geqq 12xy$　　　　　　*(4)　$(2x + 3y)^2 \geqq 24xy$

89　$a \geqq 0$, $b \geqq 0$ のとき，次の不等式を証明せよ。また，等号が成り立つのは
　　　どのようなときか。　　　　　　　　　　　　　　　　　▶教 p.51 例題6

(1)　$a + 1 \geqq 2\sqrt{a}$　　　　　　　　*(2)　$a + 1 \geqq \sqrt{2a + 1}$

(3)　$\sqrt{a} + 2\sqrt{b} \geqq \sqrt{a + 4b}$　　　*(4)　$\sqrt{2(a^2 + 4b^2)} \geqq a + 2b$

90　$a > 0$, $b > 0$ のとき，次の不等式を証明せよ。また，等号が成り立つのは
　　　どのようなときか。　　　　　　　　　　　　　　　　　▶教 p.53 例題7

(1)　$2a + \dfrac{25}{a} \geqq 10\sqrt{2}$　　*(2)　$2a + \dfrac{1}{a} \geqq 2\sqrt{2}$　　*(3)　$\dfrac{b}{2a} + \dfrac{a}{2b} - 1 \geqq 0$

SPIRAL B

91 $x > 1$, $y > 2$ のとき，次の不等式を証明せよ。　　　　▶𝕋p.49例題4

$$xy + 2 > 2x + y$$

92 次の不等式を証明せよ。また，等号が成り立つのはどのようなときか。

　　　　　　　　　　　　　　　　　　　　　　　　　　　▶𝕋p.50応用例題2

(1) $x^2 + 10y^2 \geqq 6xy$　　　　　　　*(2) $x^2 + y^2 + 4x - 6y + 13 \geqq 0$

(3) $x^2 + y^2 \geqq 2(x + y - 1)$　　　　*(4) $x^2 + 2y^2 + 1 \geqq 2y(x + 1)$

93 $a > 0$, $b > 0$ のとき，次の不等式を証明せよ。また，等号が成り立つのは
どのようなときか。　　　　　　　　　　　　　　　　　　▶𝕋p.53例題7

(1) $(a + 3b)\left(\dfrac{1}{a} + \dfrac{1}{3b}\right) \geqq 4$　　　　(2) $\left(4a + \dfrac{1}{b}\right)\left(b + \dfrac{1}{a}\right) \geqq 9$

SPIRAL C

例題 15　　　　　　　　　　　　　　　　　相加平均と相乗平均の応用

$x > 0$, $y > 0$, $xy = 1$ のとき，$3x + 4y$ の最小値を求めよ。

解　$3x > 0$, $4y > 0$ であるから，相加平均と相乗平均の大小関係より

$$3x + 4y \geqq 2\sqrt{3x \times 4y} = 2\sqrt{12xy} = 4\sqrt{3xy}$$

が成り立つ。$xy = 1$ より　　$3x + 4y \geqq 4\sqrt{3}$

ここで，等号が成り立つのは，$3x = 4y$ のときである。

このとき　　$y = \dfrac{3}{4}x$

これを $xy = 1$ に代入すると　　$\dfrac{3}{4}x^2 = 1$　$(x > 0)$

よって，$x = \dfrac{2\sqrt{3}}{3}$, $y = \dfrac{\sqrt{3}}{2}$ のとき，$3x + 4y$ は**最小値 $4\sqrt{3}$** をとる。答

94 $x > 0$, $y > 0$, $xy = 3$ のとき，$x + 3y$ の最小値を求めよ。

95 $a > 0$ のとき，$a + \dfrac{4}{a}$ の最小値を求めよ。

96 $0 < a < b$, $a + b = 2$ のとき，1, a, b, ab, $\dfrac{a^2 + b^2}{2}$ を小さい順に並べよ。

97 絶対値に関する性質 $|a|^2 = a^2$, $|a| \geqq a$, $|a| \geqq -a$ を用いて，次の不等式
を証明せよ。

(1) $\sqrt{a^2 + b^2} \leqq |a| + |b| \leqq \sqrt{2(a^2 + b^2)}$　　(2) $|a| - |b| \leqq |a + b|$

1節 点と直線

∴1 直線上の点

▶敎p.60〜p.62

■ 数直線上の点

2点 A(a), B(b) 間の距離 AB は   AB $= |b - a|$

■ 内分と外分

2点 A(a), B(b) に対して，線分 AB を

$m : n$ に内分する点の座標は $\dfrac{na + mb}{m + n}$，$m : n$ に外分する点の座標は $\dfrac{-na + mb}{m - n}$

とくに，線分 AB の中点の座標は $\dfrac{a + b}{2}$

SPIRAL A

*98 次の2点間の距離を求めよ。 ▶敎p.60例1

(1) A(3), B(-2)   (2) B(-4), C(-1)   (3) 原点O，A(4)

99 下の数直線上の点 P(5), Q(10), R(-1) は，線分 AB をどのような比に内分または外分するか。 ▶敎p.61例2, p.62例3

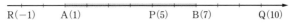

100 2点 A(-6), B(4) に対して，次の点の座標を求めよ。 ▶敎p.61例2

*(1) 線分 AB を 3:2 に内分する点C

*(2) 線分 AB を 2:3 に内分する点D

(3) 線分 AB を 7:3 に内分する点E

(4) 線分 AB の中点F

101 2点 A(-2), B(6) に対して，次の点の座標を求めよ。 ▶敎p.62例3

*(1) 線分 AB を 5:1 に外分する点C

*(2) 線分 AB を 1:5 に外分する点D

(3) 線分 AB を 5:3 に外分する点E

(4) 線分 AB を 3:5 に外分する点F

SPIRAL B

*102 2点 A(-1), B(7) を結ぶ線分 AB を 5:3 に内分する点をC，5:3 に外分する点をDとするとき，次の問いに答えよ。

(1) 線分 CD の長さを求めよ。

(2) 点Bは，線分 CD をどのような比に内分するか。

(3) 点Aは，線分 CD をどのような比に外分するか。

⊹2 ┃ 平面上の点

▶教 p.63〜p.67

■ 象限

座標平面は，右の図のように x 軸，y 軸によって 4 つの象限に分けられる。ただし，座標軸上の点は除く。

2 2点間の距離

2 点 $A(x_1, y_1)$，$B(x_2, y_2)$ 間の距離は

$$AB = \sqrt{(x_2 - x_1)^2 + (y_2 - y_1)^2}$$

とくに，原点 O と点 $A(x_1, y_1)$ の距離は

$$OA = \sqrt{{x_1}^2 + {y_1}^2}$$

3 内分点と外分点の座標

2 点 $A(x_1, y_1)$，$B(x_2, y_2)$ を結ぶ線分 AB を

$m : n$ に内分する点の座標は $\left(\dfrac{nx_1 + mx_2}{m + n},\ \dfrac{ny_1 + my_2}{m + n} \right)$

$m : n$ に外分する点の座標は $\left(\dfrac{-nx_1 + mx_2}{m - n},\ \dfrac{-ny_1 + my_2}{m - n} \right)$

とくに，線分 AB の中点の座標は $\left(\dfrac{x_1 + x_2}{2},\ \dfrac{y_1 + y_2}{2} \right)$

4 重心の座標

3 点 $A(x_1, y_1)$，$B(x_2, y_2)$，$C(x_3, y_3)$ を頂点とする △ABC の重心 G の座標は $\left(\dfrac{x_1 + x_2 + x_3}{3},\ \dfrac{y_1 + y_2 + y_3}{3} \right)$

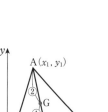

SPIRAL A

*103 点 $A(3, -4)$ は，どの象限の点か。また，点 A と x 軸，y 軸，原点に関して対称な点をそれぞれ B，C，D とするとき，これらの点の座標を求めよ。

▶教 p.63 例4

104 次の 2 点間の距離を求めよ。　　　　　　　　　　　　　▶教 p.64 例5

*(1) $A(1, 2)$，$B(5, 5)$　　　　　(2) $O(0, 0)$，$D(3, -4)$

(3) $D(3, 8)$，$E(-2, -4)$　　　*(4) $F(6, -3)$，$G(7, -3)$

105 次のような 2 点について，x，y の値を求めよ。　　　　▶教 p.65 例題1

*(1) 2 点 $A(0, -2)$，$B(x, 1)$ 間の距離が 5

(2) 2 点 $C(-1, -2)$，$D(x, 4)$ 間の距離が 10

*(3) 2 点 $E(1, 3)$，$F(-2, y)$ 間の距離が $\sqrt{13}$

第2章 図形と方程式

106　2点 A(-1, 4)，B(5, -2) に対して，次の点の座標を求めよ。

▶國 p.66 例6

　　(1)　線分 AB を 2：1 に内分する点 *(2)　線分 AB を 1：5 に内分する点

　　*(3)　線分 AB の中点 　　　　　　　(4)　線分 AB を 2：5 に外分する点

107　次の3点を頂点とする △ABC の重心 G の座標を求めよ。　　▶國 p.67 例題2

　　(1)　A(0, 1)，B(3, 4)，C(6, -2)

　　*(2)　A(5, -2)，B(-2, 1)，C(3, -5)

SPIRAL B

108　3点 A(5, -2)，B(2, 6)，C を頂点とする △ABC の重心 G の座標は (1, 2) である。このとき，点 C の座標を求めよ。　　▶國 p.67 例題2

*109　4点 A(-1, 3)，B(2, -2)，C(7, 1)，D を頂点とする四角形 ABCD が平行四辺形であるとき，次の問いに答えよ。

　　(1)　対角線 AC の中点 M の座標を求めよ。

　　(2)　点 D の座標を求めよ。

———————————2点間の距離の利用〔1〕

例題 16　2点 A(0, 3)，B(5, 2) から等しい距離にある x 軸上の点Pの座標を求めよ。

解　点Pは x 軸上にあるから，P(a, 0) とすると
AP ＝ BP より，AP^2 ＝ BP^2 であるから
$$(a-0)^2+(0-3)^2=(a-5)^2+(0-2)^2$$
$$a^2+9=a^2-10a+29$$
整理すると　$10a=20$　ゆえに　$a=2$
よって，点Pの座標は **(2, 0)** 答

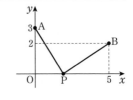

110　次の2点から等しい距離にある x 軸上の点Pと y 軸上の点Qの座標をそれぞれ求めよ。

　　(1)　A(1, 2)，B(3, 4) 　　　　　　　*(2)　C(-5, 2)，D(3, -5)

第 2 章

図形と方程式

───── 2 点間の距離の利用〔2〕

例題 17

3 点 A(1, 3)，B(−1, 0)，C(2, −2) を頂点とする △ABC はどのような形の三角形か。

解

$AB^2 = (−1−1)^2 + (0−3)^2 = 13$

$BC^2 = \{2−(−1)\}^2 + (−2−0)^2 = 13$

$CA^2 = (1−2)^2 + \{3−(−2)\}^2 = 26$

ゆえに　$AB = BC$　かつ　$AB^2 + BC^2 = CA^2$

よって，△ABC は **∠B が直角の直角二等辺三角形**である。　**答**

*111　3 点 A(−2, 3)，B(−4, −1)，C(2, 1) を頂点とする △ABC はどのような形の三角形か。

SPIRAL **C**

───── 対称点の座標

例題 18

点 A(1, 3) に関して，点 P(−2, 5) と対称な点 Q の座標を求めよ。

▶教 p.104 章末 1

解

点 Q の座標を (a, b) とすると

線分 PQ の中点が点 A であるから

$\dfrac{−2+a}{2} = 1,\ \dfrac{5+b}{2} = 3$

これより　$a = 4,\ b = 1$

よって，点 Q の座標は **(4, 1)**　**答**

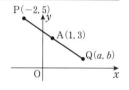

*112　点 A(2, −1) に関して，点 P(5, 2) と対称な点 Q の座標を求めよ。

*113　△ABC の重心を G とするとき

$AB^2 + BC^2 + CA^2 = 3(GA^2 + GB^2 + GC^2)$

が成り立つことを証明せよ。

▶教 p.65 応用例題 1，p.67 例題 2

114　△ABC において，辺 BC を 3 等分する

2 点を D，E とするとき

$AB^2 + AC^2 = AD^2 + AE^2 + 4DE^2$

が成り立つことを証明せよ。　▶教 p.65 応用例題 1

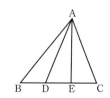

∗3　直線の方程式

▶教 p.68〜p.73, p.81

1 直線の方程式

(1)　点 $(x_1,\ y_1)$ を通り, 傾きが m の直線の方程式
$$y - y_1 = m(x - x_1)$$

(2)　異なる 2 点 $(x_1,\ y_1)$, $(x_2,\ y_2)$ を通る直線の方程式

$x_1 \neq x_2$ のとき　$y - y_1 = \dfrac{y_2 - y_1}{x_2 - x_1}(x - x_1)$

$x_1 = x_2$ のとき　$x = x_1$

(3)　直線の方程式の一般形
$$ax + by + c = 0 \quad (a \neq 0 \ \text{または} \ b \neq 0)$$

2 2 直線の交点を通る直線（思考力✚）

平行でない 2 直線 $ax + by + c = 0$ と $a'x + b'y + c' = 0$ の交点を通る直線の方程式は, k を定数とするとき
$$ax + by + c + k(a'x + b'y + c') = 0$$

SPIRAL A

115 次の方程式で表される直線を図示せよ。　　　　▶教 p.68 例7

(1)　$y = 3x - 2$　　(2)　$y = -x + 2$　　(3)　$y = 1$　　(4)　$y = \dfrac{1}{3}x - 1$

∗116 次の直線の方程式を求めよ。　　　　　　　　　▶教 p.69 例8

(1)　点 $(4,\ 3)$ を通り, 傾きが 2 の直線

(2)　点 $(-1,\ 5)$ を通り, 傾きが -3 の直線

117 次の 2 点を通る直線の方程式を求めよ。　　　　▶教 p.71 例9

(1)　$(4,\ 2)$, $(5,\ 6)$　　　　　　　　　∗(2)　$(2,\ 3)$, $(3,\ -5)$

∗(3)　$(-1,\ 4)$, $(1,\ -4)$　　　　　　　(4)　$(-2,\ 0)$, $(0,\ 6)$

∗(5)　$(-3,\ -1)$, $(3,\ -1)$　　　　　　(6)　$(2,\ -5)$, $(2,\ 4)$

118 次の図の直線 l の方程式を求めよ。　　　　　　▶教 p.71 例9

(1)　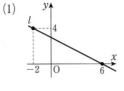　　(2)　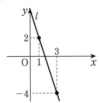　　(3)　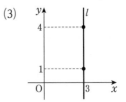

119 次の方程式の表す直線の傾きと y 切片を求めよ。 ▶國p.72例10

　*(1)　$x - 3y + 6 = 0$ 　　　　　　　　*(2)　$\dfrac{x}{3} + \dfrac{y}{2} = 1$

***120** x 切片が 2，y 切片が -3 である直線の方程式を求めよ。 ▶國p.72例10

121 2直線 $2x - 3y + 1 = 0$，$x + 2y - 3 = 0$ がある。 ▶國p.73例題3
　このとき，次の問いに答えよ。
　(1)　この2直線の交点 A の座標を求めよ。
　(2)　点 A と点 B$(-1,\ 3)$ を通る直線の方程式を求めよ。

SPIRAL　B

一直線上にある条件

例題 **19**　3点 A$(5,\ 2)$，B$(3,\ a)$，C$(a,\ 0)$ が一直線上にあるとき，a の値を求めよ。
　　　　　　　　　　　　　　　　　　　　　　　　　　　　▶國p.104章末4

解　2点 A，B を通る直線の方程式は

$$y - 2 = \dfrac{a-2}{3-5}(x-5)$$

この直線上に点 C$(a,\ 0)$ があれば，3点 A，B，C は一直線上にある。

よって　$0 - 2 = \dfrac{a-2}{3-5}(a-5)$　より　$a^2 - 7a + 6 = 0$

すなわち　$(a-1)(a-6) = 0$　ゆえに　　**$a = 1,\ 6$** 答

別解　直線 AB と直線 AC は，点 A を共有しているから，傾きが一致すれば3点 A，B，C は
一直線上にある。

よって　$\dfrac{a-2}{3-5} = \dfrac{0-2}{a-5}$　より　$(a-2)(a-5) = (-2) \times (-2)$

　$a^2 - 7a + 6 = 0$　これを解くと　**$a = 1,\ 6$** 答

***122** 次の3点が一直線上にあるとき，a の値を求めよ。
　(1)　A$(1,\ 3)$，B$(7,\ -3)$，C$(a,\ 4)$
　(2)　A$(5,\ a)$，B$(1,\ -4)$，C$(a+3,\ 2)$

SPIRAL　C

123 2直線 $2x + 5y - 3 = 0$，$3x - 2y + 8 = 0$ の交点と点 $(-2,\ 3)$ を通る直
　線の方程式を求めよ。 ▶國p.81思考力➕

124 k は定数とする。直線 $(2k+1)x - (k+3)y - 3k + 1 = 0$ は，k の値に
　関係なく定点を通ることを示せ。また，その座標を求めよ。 ▶國p.81思考力➕

÷4 　2直線の関係

1 直線の平行と垂直
▶教p.74〜p.79

2直線 $y = mx + n$, $y = m'x + n'$ について

2直線が平行 $\iff$ $m = m'$

2直線が垂直 $\iff$ $mm' = -1$

2 点と直線の距離

点 $(x_1,\ y_1)$ と直線 $ax + by + c = 0$ の距離 d は　　$d = \dfrac{|ax_1 + by_1 + c|}{\sqrt{a^2 + b^2}}$

とくに，原点との距離 d は　　$d = \dfrac{|c|}{\sqrt{a^2 + b^2}}$

SPIRAL A

*125　次の直線のうち，互いに平行であるもの，互いに垂直であるものはどれと
どれか。
▶教p.74例11, p.75例12

① $y = 3x - 2$　　　② $y = 4x + 3$　　　③ $y = -x + 4$

④ $y = -3x + 5$　　⑤ $4x + y + 6 = 0$　⑥ $4x - 4y - 3 = 0$

⑦ $12x - 4y + 5 = 0$　⑧ $3x - 12y = 6$

126　点 $(1,\ 2)$ を通り，次の直線に平行な直線および垂直な直線の方程式をそ
れぞれ求めよ。
▶教p.76例題4

(1)　$y = 3x - 4$　　　　　　　*(2)　$x - y - 5 = 0$

(3)　$2x + y + 1 = 0$　　　　　*(4)　$x = 4$

127　原点 O と次の直線の距離を求めよ。
▶教p.78例13

(1)　$4x + 3y - 1 = 0$　　　　(2)　$x - y + 2 = 0$

(3)　$y = 3x + 5$　　　　　　　(4)　$x = -2$

128　点 $(3,\ 2)$ と次の直線の距離を求めよ。
▶教p.79例14

(1)　$x - y + 3 = 0$　　　　　(2)　$5x - 12y - 4 = 0$

(3)　$y = 2x + 1$　　　　　　　(4)　$y = 6$

SPIRAL B

129　次の点の座標を求めよ。
▶教p.77応用例題2

*(1)　直線 $x + y + 1 = 0$ に関して，点 A$(3,\ 2)$ と対称な点 B の座標

(2)　直線 $4x - 2y - 3 = 0$ に関して，点 A$(4,\ -1)$ と対称な点 B の座標

第2章 図形と方程式

例題 **20**　垂直二等分線の方程式

2点 A$(-3, 6)$, B$(1, -2)$ を結ぶ線分 AB の垂直二等分線の方程式を求めよ。

解　線分 AB の中点の座標は

$$\left(\frac{-3+1}{2}, \frac{6+(-2)}{2}\right) \text{より}　(-1, 2)$$

ここで，直線 AB の傾きは

$$\frac{-2-6}{1-(-3)} = -2$$

求める垂直二等分線の傾きを m とすると

$$-2 \times m = -1 \text{ より }　m = \frac{1}{2}$$

よって，求める垂直二等分線の方程式は，点 $(-1, 2)$ を通り傾きが $\frac{1}{2}$ の直線の方程式であるから

$$y - 2 = \frac{1}{2}\{x-(-1)\} \text{ すなわち }　\boldsymbol{x - 2y + 5 = 0}　\boxed{答}$$

*130　2点 A$(-1, 2)$, B$(5, 4)$ を結ぶ線分 AB の垂直二等分線の方程式を求めよ。

SPIRAL C

131　3点 A$(1, 1)$, B$(2, 4)$, C$(-2, 1)$ について，次の問いに答えよ。

(1)　2点 A，B 間の距離を求めよ。

(2)　直線 AB の方程式を求めよ。

(3)　点 C と直線 AB の距離を求めよ。

(4)　△ABC の面積を求めよ。

*132　直線 $y = 3x$ と平行で，原点からの距離が $\sqrt{10}$ である直線の方程式を求めよ。

133　3点 A$(0, 4)$, B$(-2, 0)$, C$(4, 0)$ を頂点とする △ABC がある。次の問いに答えよ。

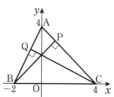

(1)　頂点 B から対辺 AC に引いた垂線 BP の方程式を求めよ。

(2)　頂点 C から対辺 AB に引いた垂線 CQ の方程式を求めよ。

(3)　BP と CQ の交点の座標を求めよ。

(4)　各頂点から引いた 3 つの垂線は，1 点で交わることを示せ。

2節　円

:1 円の方程式

▶教 p.82〜p.85

■1 円の方程式
点 (a, b) を中心とする半径 r の円の方程式は
$$(x-a)^2 + (y-b)^2 = r^2$$
原点を中心とする半径 r の円の方程式は
$$x^2 + y^2 = r^2$$

■2 円の方程式の一般形
$$x^2 + y^2 + lx + my + n = 0 \quad (ただし,\ l^2 + m^2 - 4n > 0)$$

SPIRAL A

134 次の円の方程式を求めよ。　　　　　　　　　　　　　▶教 p.82 例1

*(1)　中心が点 $(-2, 1)$ で，半径 4 の円

*(2)　中心が原点で，半径 4 の円

(3)　中心が点 $(3, -2)$ で，半径 1 の円

(4)　中心が点 $(-3, 4)$ で，半径 $\sqrt{5}$ の円

135 次の円の方程式を求めよ。　　　　　　　　　　　　　▶教 p.83 例2

(1)　中心が点 $(2, 1)$ で，原点を通る円

*(2)　中心が点 $(1, -3)$ で，点 $(-2, 1)$ を通る円

(3)　中心が点 $(3, 2)$ で，x 軸に接する円

*(4)　中心が点 $(-4, 5)$ で，y 軸に接する円

136 次の円の方程式を求めよ。　　　　　　　　　　　　　▶教 p.83 例題1

*(1)　2 点 A$(3, 7)$，B$(-5, 1)$ を直径の両端とする円

(2)　2 点 A$(-1, 2)$，B$(3, 4)$ を直径の両端とする円

137 次の方程式は，どのような図形を表すか。　　　　　　▶教 p.84 例3

*(1)　$x^2 + y^2 - 6x + 10y + 16 = 0$　　　　(2)　$x^2 + y^2 - 4x - 6y + 4 = 0$

(3)　$x^2 + y^2 = 2y$　　　　　　　　　　　*(4)　$x^2 + y^2 + 8x - 9 = 0$

138 次の3点を通る円の方程式を求めよ。　　　　　　　　▶教 p.85 例題2

(1)　O$(0, 0)$，A$(1, 3)$，B$(-1, -1)$

*(2)　A$(1, 2)$，B$(5, 2)$，C$(3, 0)$

2節 円 | 39

SPIRAL B

139 次の円の方程式を求めよ。また,その中心の座標と半径を求めよ。

(1) 中心が y 軸上にあり,2 点 $(-2, 3)$, $(1, 0)$ を通る円

(2) 2 点 $(4, 1)$, $(-3, 8)$ を通り,x 軸に接する円

(3) 点 $(2, -1)$ を通り,x 軸と y 軸の両方に接する円

SPIRAL C

───────────円の方程式の条件

例題 **21** 方程式 $x^2 + y^2 + 6x - 8y + m^2 = 0$ が円を表すように,定数 m の値の範囲を定めよ。

考え方 方程式 $(x-a)^2 + (y-b)^2 = k$ は,$k > 0$ のとき円を表す。

解 $x^2 + y^2 + 6x - 8y + m^2 = 0$ を変形すると
$(x+3)^2 + (y-4)^2 = 25 - m^2$
この式は,$25 - m^2 > 0$ のとき円を表すから
$m^2 - 25 < 0$ より $(m+5)(m-5) < 0$
よって,方程式 $x^2 + y^2 + 6x - 8y + m^2 = 0$ が円を表す m の値の範囲は
$-5 < m < 5$ 答

140 方程式 $x^2 + y^2 + 2mx + m + 2 = 0$ が円を表すように,定数 m の値の範囲を定めよ。

───────────中心が直線上にある円の方程式

例題 **22** 中心が直線 $y = x + 5$ 上にあり,2 点 $(7, 4)$, $(-1, 2)$ を通る円の方程式を求めよ。

考え方 直線 $y = mx + n$ 上の点の x 座標を t とすると,y 座標は $mt + n$ である。

解 求める円の半径を r,直線 $y = x + 5$ 上にある中心を $(t, t+5)$ とすると,
円の方程式は $(x-t)^2 + (y-t-5)^2 = r^2$ ……①
点 $(7, 4)$ を通るから $(7-t)^2 + (4-t-5)^2 = r^2$
点 $(-1, 2)$ を通るから $(-1-t)^2 + (2-t-5)^2 = r^2$
これらを整理すると $\begin{cases} 2t^2 - 12t + 50 = r^2 & \cdots\cdots ② \\ 2t^2 + 8t + 10 = r^2 & \cdots\cdots ③ \end{cases}$
③－②より $20t - 40 = 0$ すなわち $t = 2$
また,$t = 2$ を③に代入すると $r^2 = 2 \times 2^2 + 8 \times 2 + 10 = 34$
よって,求める円の方程式は,①より $(x-2)^2 + (y-7)^2 = 34$ 答

141 中心が直線 $y = 2x - 1$ 上にあり,2 点 $(-1, 3)$, $(5, 1)$ を通る円の方程式を求めよ。

∗2　円と直線(1)

▶教p.86〜p.91

1 円と直線の共有点
円と直線の共有点の座標は，それらの図形の方程式の連立方程式の実数解である。

2 円と直線の位置関係
(1) 円と直線の方程式を連立して得られる2次方程式 $ax^2 + bx + c = 0$ の判別式を $D = b^2 - 4ac$ とすると，次のことが成り立つ。

D の符号	$D > 0$	$D = 0$	$D < 0$
$ax^2 + bx + c = 0$ の実数解	異なる2つの実数解	重解	なし
円と直線の位置関係	異なる2点で交わる	接する	共有点がない
共有点の個数	2個	1個	0個

(2) 円の半径を r，円の中心から直線までの距離を d とすると，次のことが成り立つ。

d と r の大小	$d < r$	$d = r$	$d > r$
円と直線の位置関係	異なる2点で交わる	接する	共有点がない
共有点の個数	2個	1個	0個

注 原点と直線 $ax + by + c = 0$ の距離 d は
$$d = \frac{|c|}{\sqrt{a^2 + b^2}}$$

3 円の接線
円 $x^2 + y^2 = r^2$ 上の点 $\mathrm{P}(x_1, y_1)$ における接線の方程式は
$$x_1 x + y_1 y = r^2$$

SPIRAL A

∗**142** 次の円と直線の共有点の座標を求めよ。　▶教p.86例題3, p.87例題4
(1) $x^2 + y^2 = 25, \ y = x + 1$
(2) $x^2 + y^2 = 10, \ 3x + y - 10 = 0$

∗**143** 次の円と直線 $y = -2x + 5$ の共有点の個数を求めよ。
(1) $x^2 + y^2 = 6$　　(2) $x^2 + y^2 = 5$　　(3) $x^2 + y^2 = 4$

144 次の円と直線が共有点をもつとき，定数 m の値の範囲を求めよ。
(1) $x^2 + y^2 = 5$, $y = 2x + m$ ▶数 p.88 例題5
*(2) $x^2 + y^2 = 10$, $3x + y = m$

*****145** 円 $(x-1)^2 + y^2 = 8$ と直線 $y = x + m$ が共有点をもたないとき，定数 m の値の範囲を求めよ。 ▶数 p.88 例題5

*****146** 円 $x^2 + y^2 = r^2$ と次の直線が接するとき，円の半径 r の値を求めよ。
(1) $y = x + 2$ (2) $3x - 4y - 15 = 0$ ▶数 p.89 例題6

147 次の円上の点 P における接線の方程式を求めよ。 ▶数 p.90 例4
*(1) $x^2 + y^2 = 25$, $P(-3, 4)$ (2) $x^2 + y^2 = 5$, $P(2, -1)$
*(3) $x^2 + y^2 = 9$, $P(3, 0)$ (4) $x^2 + y^2 = 16$, $P(0, -4)$

*****148** 点 $A(2, 1)$ から円 $x^2 + y^2 = 1$ に引いた接線の方程式を求めよ。
▶数 p.91 例題7

SPIRAL B

149 円 $x^2 + y^2 = 10$ と直線 $x - 3y + m = 0$ が接するとき，定数 m の値と接点の座標を求めよ。

*****150** 円 $x^2 + y^2 + 4y = 0$ と直線 $y = mx + 2$ の共有点の個数を調べよ。ただし，m は定数とする。

151 点 $(7, 1)$ から円 $x^2 + y^2 = 25$ に引いた2つの接線の接点を A，B とするとき，次の問いに答えよ。
(1) 接点 A，B の座標を求めよ。
(2) 直線 AB の方程式を求めよ。

*****152** 円 $x^2 + y^2 = 4$ と直線 $x + y + 1 = 0$ の2つの交点を A，B とするとき，弦 AB の長さを求めよ。

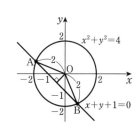

❖2 円と直線⑵

■ 2つの円の位置関係
▶數 p.92

2つの円の半径を r, r' $(r > r')$, 中心間の距離を d とするとき, 次のことが成り立つ。

① 互いに外部にある $d > r + r'$

② 外接する $d = r + r'$

③ 2点で交わる $r - r' < d < r + r'$

④ 内接する $d = r - r'$

⑤ 一方が他方の内部にある $d < r - r'$

SPIRAL **A**

*153 中心が C$(3, 1)$ で，円 $x^2 + y^2 = 40$ に内接している円の方程式を求めよ。 ▶數 p.92 例題8

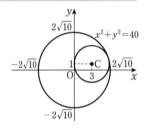

154 中心が C$(8, 4)$ で，円 $x^2 + y^2 = 20$ に外接している円の方程式を求めよ。 ▶數 p.92 例題8

*155 2つの円
$$(x - 1)^2 + y^2 = 4 \ \cdots\cdots① , \ (x - 4)^2 + (y + 4)^2 = r^2 \ (r > 0) \ \cdots\cdots②$$
が外接しているとき，r の値を求めよ。また，内接しているとき，r の値を求めよ。 ▶數 p.92 例題8

SPIRAL B

156 外接する2つの円 $x^2 + y^2 = 4$, $(x - 4)^2 + (y + 3)^2 = 9$ の接点の座標を求めよ。

*157 2つの円 $(x - 1)^2 + (y - r)^2 = r^2$, $(x - r)^2 + (y - 1)^2 = r^2$ が接するとき，r の値と接点の座標を求めよ。ただし，$r > 0$ とする。

3節 軌跡と領域

∴1 軌跡と方程式

▶数 p.94〜p.96

1 軌跡
　ある条件を満たす点全体の描く図形 F を，その条件を満たす点の**軌跡**という。

2 軌跡の求め方
　[1]　点 P の座標を (x, y) とおいて，与えられた条件を x, y の方程式で表し，この方程式の表す図形 F を求める。
　[2]　[1]で求めた図形 F 上の任意の点 P が，与えられた条件を満たすかどうか調べる。

　注　[2]が明らかな場合は，省略することが多い。

SPIRAL A

158 次の条件を満たす点Pの軌跡を求めよ。　　　▶数 p.94 例1
　*(1)　2点 A(4, 0)，B(0, 2) から等距離にある点 P
　(2)　2点 A(−1, 2)，B(−2, −5) から等距離にある点 P
　*(3)　2点 A(2, 0)，B(0, 1) に対して，$AP^2 - BP^2 = 1$ を満たす点 P
　(4)　2点 A(−3, 0)，B(3, 0) に対して，$AP^2 + BP^2 = 20$ を満たす点 P

159 次の条件を満たす点Pの軌跡を求めよ。　　　▶数 p.95 例題1
　*(1)　2点 A(−2, 0)，B(6, 0) に対して，AP : BP = 1 : 3 を満たす点 P
　(2)　2点 A(0, −4)，B(0, 2) に対して，AP : BP = 2 : 1 を満たす点 P

SPIRAL B

***160** 点 Q が円 $x^2 + y^2 = 16$ の周上を動くとき，次の問いに答えよ。
▶数 p.96 応用例題1
　(1)　点 A(8, 0) と点 Q を結ぶ線分の中点 M の軌跡を求めよ。
　(2)　点 A(8, 0) と点 Q を結ぶ線分 AQ を 3 : 1 に内分する点 P の軌跡を求めよ。

***161** 点 Q が直線 $x - 2y + 2 = 0$ 上を動くとき，点 A(2, −3) と点 Q を結ぶ線分 AQ を 1 : 2 に内分する点 P の軌跡を求めよ。

162 点 A(1, 2) に関して，B(a, b) と対称な点を P とする。　▶数 p.104 章末5
　(1)　点 P の座標を a, b を用いて表せ。
　(2)　点 B が直線 $x - 2y - 1 = 0$ 上を動くとき，点 P の軌跡を求めよ。

163 点 Q が放物線 $y = x^2$ 上を動くとき，次の点 A と点 Q を結ぶ線分 AQ の中点 M の軌跡を求めよ。

(1) A(0, 4)　　　　　　　　　(2) A(4, −4)

SPIRAL C

例題 23 ──────2つの直線からの距離が等しい点の軌跡
2 つの直線 $x − 2y = 0$, $2x + y = 0$ からの距離が等しい点 P の軌跡を求めよ。

解　点 P の座標を (x, y) とする。
点 P と 2 直線との距離が等しいから
$$\frac{|x − 2y|}{\sqrt{1^2 + (−2)^2}} = \frac{|2x + y|}{\sqrt{2^2 + 1^2}}$$
ゆえに
$$x − 2y = ±(2x + y)$$
よって，求める点の軌跡は
$$x − 2y = 2x + y \quad と \quad x − 2y = −(2x + y)$$
すなわち
2 直線 $x + 3y = 0$, $3x − y = 0$ 答

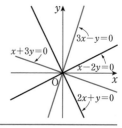

164 2 つの直線 $y = 0$, $x − y = 0$ からの距離が等しい点 P の軌跡を求めよ。

例題 24 ──────放物線の頂点の軌跡
a の値が変化するとき，放物線 $y = (x − a)^2 − a^2 + 1$ の頂点 P の軌跡を求めよ。

解　放物線の頂点 P の座標は　　P$(a, −a^2 + 1)$
P(x, y) とすると
$$x = a, \quad y = −a^2 + 1$$
この 2 式から a を消去すると
$$y = −x^2 + 1$$
よって，求める軌跡は
放物線 $y = −x^2 + 1$ 答

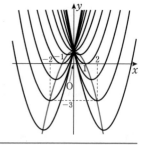

*165 a の値が変化するとき，放物線 $y = x^2 + 2ax + 2a^2 + 5a − 4$ の頂点 P の軌跡を求めよ。

❖2 | 不等式の表す領域

1 直線で分けられた領域
▶教 p.97〜p.99

不等式 $y > mx + n$ の表す領域は　直線 $y = mx + n$ の上側

不等式 $y < mx + n$ の表す領域は　直線 $y = mx + n$ の下側

2 円で分けられた領域

不等式 $(x - a)^2 + (y - b)^2 < r^2$ の表す領域は　円 $(x - a)^2 + (y - b)^2 = r^2$ の内部

不等式 $(x - a)^2 + (y - b)^2 > r^2$ の表す領域は　円 $(x - a)^2 + (y - b)^2 = r^2$ の外部

SPIRAL A

166 次の不等式の表す領域を図示せよ。 ▶教 p.98 例2

*(1) $y > 2x - 5$ (2) $y < -x - 2$

*(3) $y \geqq x + 1$ (4) $y \leqq -3x + 6$

*(5) $2x - 3y - 6 > 0$ (6) $x - 2y + 4 \geqq 0$

167 次の不等式の表す領域を図示せよ。 ▶教 p.98 例3

*(1) $x < 2$ (2) $x + 4 \geqq 0$

*(3) $y > -3$ (4) $2y - 3 \leqq 0$

168 次の不等式の表す領域を図示せよ。 ▶教 p.99 例4

*(1) $(x - 1)^2 + (y + 3)^2 \leqq 9$ *(2) $x^2 + y^2 + 4x - 2y > 0$

(3) $x^2 + y^2 > 1$ (4) $x^2 + (y - 1)^2 < 4$

*(5) $x^2 + y^2 - 2y < 0$ (6) $x^2 + y^2 - 6x - 2y + 1 \leqq 0$

SPIRAL B

*169 次の図の斜線部分の領域を表す不等式を求めよ。

(1)
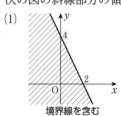
境界線を含む

(2)
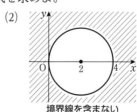
境界線を含まない

⋮3　連立不等式の表す領域

▶教 p.100〜p.102

◼ 連立不等式の表す領域

(1) 連立不等式の表す領域は，それぞれの不等式の表す領域の共通部分である。

(2) 2つの整式 A，B の積を含む不等式で表された領域を図示するときは，次のような不等式の性質を利用する。

$$AB > 0 \iff \begin{cases} A > 0 \\ B > 0 \end{cases} \text{または} \begin{cases} A < 0 \\ B < 0 \end{cases}$$

$$AB < 0 \iff \begin{cases} A > 0 \\ B < 0 \end{cases} \text{または} \begin{cases} A < 0 \\ B > 0 \end{cases}$$

SPIRAL A

170 次の連立不等式の表す領域を図示せよ。 ▶教 p.100練習7

*(1) $\begin{cases} y > x+1 \\ y < -2x+3 \end{cases}$　　(2) $\begin{cases} y \geq -x+3 \\ y \geq 2x-3 \end{cases}$

*(3) $\begin{cases} x-y-4 < 0 \\ 2x+y-8 < 0 \end{cases}$　　(4) $\begin{cases} x-y+2 \geq 0 \\ 3x-y+6 \leq 0 \end{cases}$

171 次の連立不等式の表す領域を図示せよ。 ▶教 p.101 例題2

*(1) $\begin{cases} x^2+y^2 > 4 \\ y > x-1 \end{cases}$　　(2) $\begin{cases} x^2+y^2 \leq 9 \\ x+y \geq 2 \end{cases}$

*(3) $\begin{cases} x^2+(y-1)^2 > 4 \\ x-y+1 > 0 \end{cases}$　　(4) $\begin{cases} (x-1)^2+y^2 \leq 1 \\ 2x-y-1 \leq 0 \end{cases}$

172 次の連立不等式の表す領域を図示せよ。 ▶教 p.101 例題2

(1) $\begin{cases} (x+2)^2+y^2 > 4 \\ (x-2)^2+y^2 < 9 \end{cases}$　　*(2) $\begin{cases} (x-2)^2+(y+2)^2 \leq 4 \\ (x-1)^2+y^2 \leq 9 \end{cases}$

SPIRAL B

173 次の不等式の表す領域を図示せよ。 ▶教 p.101 応用例題2

*(1) $(x-y)(x+y) > 0$　　(2) $(x+y+1)(x-2y+4) \leq 0$

(3) $x(y-2) \geq 0$　　*(4) $(x-y)(x^2+y^2-4) < 0$

174 次の不等式の表す領域を図示せよ。

(1) $-2 < x-y < 2$　　*(2) $4 \leq x^2+y^2 \leq 9$

175 次の図の境界線を含まない斜線部分の領域を表す不等式を求めよ。

▶國p.104章末6

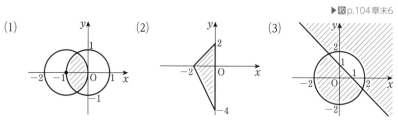

(1)   (2)   (3)

176 x, y が4つの不等式 $x \geqq 0$, $y \geqq 0$, $2x + y \leqq 6$, $x + 2y \leqq 6$ を同時に満たすとき，$2x + 3y$ の最大値と最小値を求めよ。 ▶國p.102応用例題3

SPIRAL **C**

例題
25

――――――連立不等式の表す領域の利用

2種類の薬剤S，Tの1g中に含まれる成分A，Bの量とS，Tの1gの価格は右の表のとおりである。A，Bをそれぞれ10mg，15mg以上とるとき，最小の費用にするには，S，Tをそれぞれ何gずつとればよいか。また，そのときの費用はいくらか。

	成分A	成分B	価格
薬剤S	2mg	1mg	2円
薬剤T	1mg	3mg	3円

▶國p.105章末11

解

薬剤S，Tをそれぞれ xg，yg とるときの費用を k 円とすると

$k = 2x + 3y$ ……①

また，条件より，次の不等式が成り立つ。

$x \geqq 0$, $y \geqq 0$, $2x + y \geqq 10$, $x + 3y \geqq 15$

これらを同時に満たす領域 D は右の図の斜線部分である。

①は $y = -\dfrac{2}{3}x + \dfrac{k}{3}$ と変形できるから，

傾き $-\dfrac{2}{3}$，y 切片 $\dfrac{k}{3}$ の直線を表す。

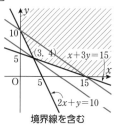

境界線を含む

この直線①が，領域 D 内の点を通るときの y 切片 $\dfrac{k}{3}$ の最小値を調べればよい。

y 切片 $\dfrac{k}{3}$ は，直線①が点 $(3, 4)$ を通るとき最小となる。

よって $k = 2 \times 3 + 3 \times 4 = 18$ より S，T をそれぞれ **3g**，**4g** とればよい。

このとき，費用は **18円** である。答

177 2種類の菓子S，Tを1ケース製造するときに必要な食材A，Bの量とS，Tの利益は右の表のとおりである。A，Bの在庫がそれぞれ14kg，13kgであるとき，最大の利益を得るには，S，Tをそれぞれ何ケースずつ製造すればよいか。また，そのときの利益はいくらか。

	食材A	食材B	利益
菓子S	1kg	2kg	3万円
菓子T	3kg	1kg	2万円

1節 三角関数

| ∴1 | 一般角 | ∴2 | 弧度法 |

▶款p.108〜p.111

■ 一般角
一般角 　負の向きや，360°以上まで拡張して考えた角
動径の表す角 　動径 OP の位置を表す角の1つを α とするとき，
　　　　　　　　動径 OP の表す角は　$\alpha + 360° \times n$　（n は整数）

② 弧度法
$$1° = \frac{\pi}{180} \text{ ラジアン}, \quad 1\text{ラジアン} = \frac{180°}{\pi} \ (\fallingdotseq 57.3°)$$

注 弧度法では，ふつう単位名のラジアンを省略する。

③ 扇形の弧の長さと面積
半径 r，中心角 θ の扇形の弧の長さを l，面積を S とすると
$$l = r\theta, \quad S = \frac{1}{2}r^2\theta = \frac{1}{2}lr$$

SPIRAL A

*178　次の角の動径 OP の位置を図示せよ。
▶款p.109例1

(1)　210°　　　　　(2)　405°　　　　　(3)　−300°

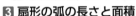

179　次の角の動径の位置を OP とするとき，動径 OP の表す角 $\alpha + 360° \times n$
（n は整数）を求めよ。ただし，$0° \leqq \alpha < 360°$ とする。

*(1)　495°　　　　*(2)　−45°　　　　(3)　960°　　　　(4)　−630°

180　次の角のうち，その動径が 60° の動径と同じ位置にある角はどれか。
420°，660°，−120°，−300°，−720°
▶款p.109例2

*181 次の角を弧度法で表せ。　　　　　　　　　　　　▶教p.111 例3

(1)　$-45°$　　　　(2)　$75°$　　　　(3)　$-210°$　　　(4)　$-315°$

*182 次の角を度数法で表せ。　　　　　　　　　　　　▶教p.111 例3

(1)　$\dfrac{3}{5}\pi$　　　　(2)　$\dfrac{11}{3}\pi$　　　　(3)　$-\dfrac{3}{2}\pi$　　　(4)　$-\dfrac{5}{6}\pi$

183 次の扇形の弧の長さ l と面積 S を求めよ。　　　　　▶教p.111 例4

*(1)　半径 4，中心角 $\dfrac{3}{4}\pi$　　　　(2)　半径 6，中心角 $\dfrac{5}{6}\pi$

*(3)　半径 5，中心角 $\dfrac{2}{5}\pi$

SPIRAL **B**

184 次の扇形の中心角 θ と面積 S を求めよ。　　　　　▶教p.111 例4

*(1)　半径が 3，弧の長さが 2　　　　(2)　半径が 8，弧の長さが 6

185 次の扇形の半径 r と面積 S を求めよ。　　　　　　▶教p.111 例4

*(1)　中心角が $\dfrac{\pi}{6}$，弧の長さが 11　　　(2)　中心角が 2，弧の長さが 4

186 右の図のように，正三角形 OAB と扇形 OAB が
　　あり，正三角形 OCD の辺 CD は弧 AB に接して
　　いる。OA $= 6$，$\triangle$OAB の面積を S_1，扇形 OAB
　　の面積を S_2，$\triangle$OCD の面積を S_3 とするとき，面
　　積比 $S_1 : S_2 : S_3$ を求めよ。

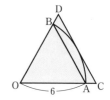

187 $0° < \alpha < 360°$ である角 α について，3α の動径は $120°$ の動径の位置に一
　　致する。このような角 α をすべて求めよ。
　　　　　　　　　　　　　　　　　　　　　　　　　▶教p.109 例2

∴3　三角関数

▶教 p.112〜p.116

■1 三角関数

x 軸の正の部分を始線とし，角 θ の動径と原点 O を中心とする半径 r の円との交点を P(x, y) とすると

$$\sin\theta = \frac{y}{r},\ \cos\theta = \frac{x}{r},\ \tan\theta = \frac{y}{x}$$

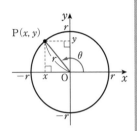

■2 三角関数の値の範囲

$$-1 \leqq \sin\theta \leqq 1,\quad -1 \leqq \cos\theta \leqq 1$$

注 $\tan\theta$ の値の範囲は実数全体

■3 三角関数の相互関係

$$\sin^2\theta + \cos^2\theta = 1,\quad \tan\theta = \frac{\sin\theta}{\cos\theta},\quad 1 + \tan^2\theta = \frac{1}{\cos^2\theta}$$

SPIRAL A

188 θ が次の値のとき，$\sin\theta$，$\cos\theta$，$\tan\theta$ の値を求めよ。　▶教 p.113 例5

*(1)　$\dfrac{5}{4}\pi$　　　　(2)　$\dfrac{11}{3}\pi$　　　*(3)　$-\dfrac{\pi}{6}$　　　(4)　-3π

189 次の条件を満たす角 θ は第何象限の角か。　▶教 p.113

*(1)　$\sin\theta > 0$，$\cos\theta < 0$　　　(2)　$\sin\theta > 0$，$\tan\theta < 0$

(3)　$\cos\theta < 0$，$\tan\theta > 0$　　　*(4)　$\sin\theta\cos\theta > 0$

*190 次の問いに答えよ。　▶教 p.115 例題1

(1)　θ が第 3 象限の角で，$\sin\theta = -\dfrac{3}{5}$ のとき，$\cos\theta$，$\tan\theta$ の値を求めよ。

(2)　θ が第 4 象限の角で，$\cos\theta = \dfrac{3}{4}$ のとき，$\sin\theta$，$\tan\theta$ の値を求めよ。

191 次の問いに答えよ。　▶教 p.115 例題2

(1)　θ が第 3 象限の角で，$\tan\theta = \sqrt{2}$ のとき，$\sin\theta$，$\cos\theta$ の値を求めよ。

*(2)　θ が第 4 象限の角で，$\tan\theta = -\dfrac{1}{2}$ のとき，$\sin\theta$，$\cos\theta$ の値を求めよ。

第3章

三角関数

SPIRAL B

192 次の問いに答えよ。　　　　　　　　　　　　　▶國p.116応用例題1

*(1)　$\sin\theta + \cos\theta = \dfrac{1}{5}$ のとき，次の式の値を求めよ。

(ⅰ)　$\sin\theta\cos\theta$　　　　　　　(ⅱ)　$\sin^3\theta + \cos^3\theta$

(2)　$\sin\theta - \cos\theta = -\dfrac{1}{3}$ のとき，次の式の値を求めよ。

(ⅰ)　$\sin\theta\cos\theta$　　　　　　　(ⅱ)　$\sin^3\theta - \cos^3\theta$

193 次の問いに答えよ。

*(1)　$\sin\theta = -\dfrac{2}{5}$ のとき，$\cos\theta$, $\tan\theta$ の値を求めよ。

(2)　$\cos\theta = -\dfrac{1}{\sqrt{5}}$ のとき，$\sin\theta$, $\tan\theta$ の値を求めよ。

*(3)　$\tan\theta = 2\sqrt{2}$ のとき，$\sin\theta$, $\cos\theta$ の値を求めよ。

SPIRAL C

194 次の等式を証明せよ。　　　　　　　　　　　▶國p.116応用例題2

*(1)　$\dfrac{\cos\theta}{1+\sin\theta} + \dfrac{1+\sin\theta}{\cos\theta} = \dfrac{2}{\cos\theta}$　　(2)　$\tan\theta + \dfrac{1}{\tan\theta} = \dfrac{1}{\sin\theta\cos\theta}$

―――三角関数を含む式の値

例題 **26** $\sin\alpha\cos\alpha = -\dfrac{1}{2}$ のとき，次の値を求めよ。ただし，α は第2象限の角とする。

(1)　$\sin\alpha - \cos\alpha$　　　(2)　$\sin\alpha + \cos\alpha$　　　(3)　$\sin\alpha$, $\cos\alpha$

解　(1)　$(\sin\alpha-\cos\alpha)^2 = \sin^2\alpha + \cos^2\alpha - 2\sin\alpha\cos\alpha = 1 - 2\times\left(-\dfrac{1}{2}\right) = 2$

α は第2象限の角であるから，$\sin\alpha > 0$, $\cos\alpha < 0$　　ゆえに，$\sin\alpha - \cos\alpha > 0$

よって　$\sin\alpha - \cos\alpha = \sqrt{2}$　答

(2)　$(\sin\alpha+\cos\alpha)^2 = \sin^2\alpha + \cos^2\alpha + 2\sin\alpha\cos\alpha = 1 + 2\times\left(-\dfrac{1}{2}\right) = 0$

よって　$\sin\alpha + \cos\alpha = 0$　答

(3)　(1)と(2)の結果から　$\sin\alpha = \dfrac{\sqrt{2}}{2}$,　$\cos\alpha = -\dfrac{\sqrt{2}}{2}$　答

195 $\dfrac{\pi}{2} < \theta < \dfrac{3}{4}\pi$, $\sin\theta\cos\theta = -\dfrac{1}{4}$ のとき，次の値を求めよ。

(1)　$\sin\theta - \cos\theta$　　　(2)　$\sin\theta + \cos\theta$　　　(3)　$\sin\theta$, $\cos\theta$

∵4 　**三角関数の性質**

▶教p.117〜p.119

1 $\theta+2n\pi$ **の三角関数（n は整数）**

$\sin(\theta+2n\pi)=\sin\theta$　　$\cos(\theta+2n\pi)=\cos\theta$　　$\tan(\theta+2n\pi)=\tan\theta$

2 $-\theta$ **の三角関数**

$\sin(-\theta)=-\sin\theta$　　$\cos(-\theta)=\cos\theta$　　$\tan(-\theta)=-\tan\theta$

3 $\theta+\pi,\ \pi-\theta$ **の三角関数**

$\sin(\theta+\pi)=-\sin\theta$　　$\cos(\theta+\pi)=-\cos\theta$　　$\tan(\theta+\pi)=\tan\theta$

$\sin(\pi-\theta)=\sin\theta$　　$\cos(\pi-\theta)=-\cos\theta$　　$\tan(\pi-\theta)=-\tan\theta$

4 $\theta+\dfrac{\pi}{2},\ \dfrac{\pi}{2}-\theta$ **の三角関数**

$\sin\left(\theta+\dfrac{\pi}{2}\right)=\cos\theta$　　$\cos\left(\theta+\dfrac{\pi}{2}\right)=-\sin\theta$　　$\tan\left(\theta+\dfrac{\pi}{2}\right)=-\dfrac{1}{\tan\theta}$

$\sin\left(\dfrac{\pi}{2}-\theta\right)=\cos\theta$　　$\cos\left(\dfrac{\pi}{2}-\theta\right)=\sin\theta$　　$\tan\left(\dfrac{\pi}{2}-\theta\right)=\dfrac{1}{\tan\theta}$

SPIRAL A

196 次の値を求めよ。　　　　　　　　　　　　　　　　　　　▶教p.117例6

*(1)　$\cos\dfrac{13}{6}\pi$　　(2)　$\tan\dfrac{13}{6}\pi$　　(3)　$\sin\left(-\dfrac{15}{4}\pi\right)$　　*(4)　$\tan\dfrac{15}{4}\pi$

197 次の値を求めよ。　　　　　　　　　　　　　　　▶教p.117例7, p.118例8

(1)　$\sin\left(-\dfrac{\pi}{4}\right)$　　*(2)　$\cos\left(-\dfrac{\pi}{4}\right)$　　(3)　$\sin\dfrac{5}{4}\pi$　　*(4)　$\tan\dfrac{5}{4}\pi$

SPIRAL B

198 次の式の値を求めよ。

(1)　$\sin\left(-\dfrac{7}{6}\pi\right)-\tan\dfrac{\pi}{6}\sin\dfrac{8}{3}\pi+\cos\left(-\dfrac{3}{4}\pi\right)$

(2)　$\tan\dfrac{5}{4}\pi\tan\dfrac{9}{4}\pi+\tan\dfrac{15}{4}\pi\tan\left(-\dfrac{3}{4}\pi\right)$

199 次の式の値を求めよ。

(1)　$\cos\left(\dfrac{\pi}{2}-\theta\right)\sin(\pi-\theta)-\sin\left(\dfrac{\pi}{2}-\theta\right)\cos(\pi-\theta)$

(2)　$\cos\theta+\sin\left(\dfrac{\pi}{2}-\theta\right)+\cos(\pi+\theta)+\sin\left(\dfrac{3}{2}\pi+\theta\right)$

∴5 三角関数のグラフ

■ 三角関数のグラフ

▶救 p.120〜p.125

	$y = \sin\theta$	$y = \cos\theta$	$y = \tan\theta$
周期	2π	2π	π
値域	$-1 \leqq y \leqq 1$	$-1 \leqq y \leqq 1$	すべての実数
グラフの対称性	原点に関して対称	y軸に関して対称	原点に関して対称

■ いろいろな三角関数のグラフ

(1) $y = a\sin\theta$ のグラフ

$y = \sin\theta$ のグラフを，θ軸をもとにしてy軸方向にa倍したもの

(2) $y = \sin k\theta$ のグラフ （$k > 0$）

$y = \sin\theta$ のグラフを，y軸をもとにしてθ軸方向に$\dfrac{1}{k}$倍したもの

(3) $y = \sin(\theta - \alpha)$ のグラフ

$y = \sin\theta$ のグラフを，θ軸方向にαだけ平行移動したもの

■ 周期

(1) $y = \sin(k\theta + \alpha)$, $y = \cos(k\theta + \alpha)$ の周期は $\dfrac{2\pi}{k}$ （$k > 0$）

(2) $y = \tan(k\theta + \alpha)$ の周期は $\dfrac{\pi}{k}$ （$k > 0$）

SPIRAL A

*200 次の図中のyの値$a \sim c$とθの値$\theta_1 \sim \theta_4$をそれぞれ求めよ。 ▶救 p.120

(1)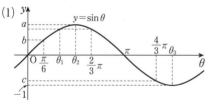

(2)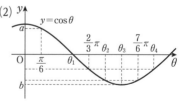

201 次の関数のグラフをかけ。また，その周期をいえ。 ▶救 p.123練習15, 16

*(1) $y = \dfrac{1}{3}\sin\theta$ 　　　　(2) $y = 4\cos\theta$

202 次の関数のグラフをかけ。また，その周期をいえ。 ▶救 p.124練習17

*(1) $y = \sin 3\theta$ 　　*(2) $y = \cos 4\theta$ 　　(3) $y = \sin\dfrac{\theta}{2}$

203 次の関数のグラフをかけ。また，その周期をいえ。　　　　▶数p.125練習18

(1)　$y = \sin\left(\theta + \dfrac{\pi}{4}\right)$　　　　　　　　*(2)　$y = \cos\left(\theta - \dfrac{\pi}{6}\right)$

SPIRAL B

204 関数 $y = \tan\left(\theta - \dfrac{\pi}{4}\right)$ のグラフをかけ。また，その周期をいえ。

――――三角関数のグラフ

例題 **27** 関数 $y = 2\sin\left(\theta - \dfrac{\pi}{3}\right)$ のグラフをかけ。また，その周期をいえ。

解　$y = 2\sin\left(\theta - \dfrac{\pi}{3}\right)$ のグラフは，$y = 2\sin\theta$ のグラフを，θ 軸方向に $\dfrac{\pi}{3}$ だけ平行移動した次のようなグラフとなる。**周期は 2π である。** 答

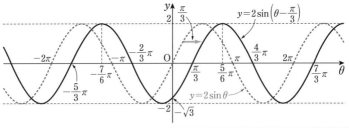

*205 次の関数のグラフをかけ。また，その周期をいえ。

(1)　$y = \sqrt{2}\,\sin\left(\theta + \dfrac{\pi}{4}\right)$　　　　　　(2)　$y = \cos(2\theta - \pi)$

206 右の図は関数 $y = r\sin(a\theta + b)$ のグラフの一部である。定数 r, a, b の値を求めよ。ただし，何通りもある場合は，その正の最小値を答えよ。　　　▶数p.142章末4

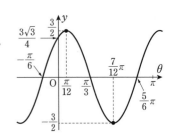

∴6 | 三角関数を含む方程式・不等式

1 三角関数を含む方程式・不等式

▶教 p.126～p.128

三角関数を含む方程式や不等式は，単位円やグラフを用いて解く。

(1) $\sin\theta = k$ は単位円と $y=k$ の交点を P，Q とすると，動径 OP，OQ の表す角である。

(2) $\cos\theta = k$ は単位円と $x=k$ の交点を P，Q とすると，動径 OP，OQ の表す角である。

(3) $\tan\theta = k$ は点 T$(1, k)$ をとり，単位円と直線 OT の交点を P，Q とすると，動径 OP，OQ の表す角である。

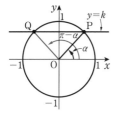 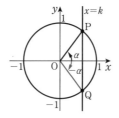 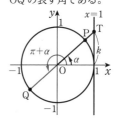

SPIRAL A

207 $0 \leqq \theta < 2\pi$ のとき，次の方程式を解け。　　▶教 p.126 例題3

*(1) $\sin\theta = -\dfrac{1}{2}$

(2) $\cos\theta = \dfrac{\sqrt{3}}{2}$

(3) $2\sin\theta + \sqrt{3} = 0$

*(4) $\sqrt{2}\cos\theta + 1 = 0$

*208 $0 \leqq \theta < 2\pi$ のとき，次の方程式を解け。　　▶教 p.126 例題3

(1) $\tan\theta = -1$

(2) $\tan\theta = -\sqrt{3}$

SPIRAL B

209 $0 \leqq \theta < 2\pi$ のとき，次の方程式を解け。　　▶教 p.127 応用例題3

*(1) $2\cos^2\theta - \sin\theta - 1 = 0$

(2) $2\sin^2\theta - \cos\theta - 2 = 0$

*(3) $2\sin^2\theta - 5\cos\theta + 5 = 0$

(4) $4\cos^2\theta - 4\sin\theta - 5 = 0$

210 $0 \leqq \theta < 2\pi$ のとき，次の不等式を解け。　　▶教 p.128 応用例題4

(1) $\sin\theta > \dfrac{1}{2}$

*(2) $\cos\theta < \dfrac{\sqrt{3}}{2}$

*(3) $2\sin\theta \leqq -\sqrt{3}$

(4) $2\cos\theta - 1 \geqq 0$

SPIRAL C

211 $0 \leqq \theta < 2\pi$ のとき，次の方程式と不等式を解け。

(1) $\sin\left(\theta + \dfrac{\pi}{4}\right) = \dfrac{\sqrt{3}}{2}$ (2) $\cos\left(\theta - \dfrac{\pi}{3}\right) = -\dfrac{1}{2}$

(3) $\sin\left(\theta - \dfrac{\pi}{4}\right) > \dfrac{1}{2}$ (4) $\cos\left(\theta + \dfrac{\pi}{6}\right) < \dfrac{1}{\sqrt{2}}$

———————三角関数と方程式・不等式

例題 28

$0 \leqq \theta < 2\pi$ のとき，次の方程式と不等式を解け。

(1) $\sin\left(2\theta - \dfrac{\pi}{6}\right) = \dfrac{1}{2}$ (2) $\sin\left(2\theta - \dfrac{\pi}{6}\right) < \dfrac{1}{2}$

考え方 $2\theta - \dfrac{\pi}{6} = \alpha$ とおいて，α の値の範囲に注意して解く。

解   (1) $0 \leqq \theta < 2\pi$ より $-\dfrac{\pi}{6} \leqq 2\theta - \dfrac{\pi}{6} < \dfrac{23}{6}\pi$

ここで，$2\theta - \dfrac{\pi}{6} = \alpha$ とおくと $-\dfrac{\pi}{6} \leqq \alpha < \dfrac{23}{6}\pi$ ……①

①の範囲において，$\sin\alpha = \dfrac{1}{2}$ となる α は，単位円と

直線 $y = \dfrac{1}{2}$ との交点を P，Q とすると，動径 OP と

OQ の表す角である。①の範囲で動径 OP の表す角は

$\dfrac{\pi}{6}$ と $\dfrac{13}{6}\pi$，動径 OQ の表す角は $\dfrac{5}{6}\pi$ と $\dfrac{17}{6}\pi$ である。

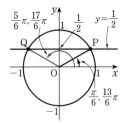

ゆえに $\alpha = \dfrac{\pi}{6},\ \dfrac{5}{6}\pi,\ \dfrac{13}{6}\pi,\ \dfrac{17}{6}\pi$

よって $2\theta - \dfrac{\pi}{6} = \dfrac{\pi}{6},\ 2\theta - \dfrac{\pi}{6} = \dfrac{5}{6}\pi,\ 2\theta - \dfrac{\pi}{6} = \dfrac{13}{6}\pi,\ 2\theta - \dfrac{\pi}{6} = \dfrac{17}{6}\pi$

したがって $\theta = \dfrac{\pi}{6},\ \dfrac{\pi}{2},\ \dfrac{7}{6}\pi,\ \dfrac{3}{2}\pi$ 答

(2)   (1)より，$\sin\alpha < \dfrac{1}{2}$ となる α の値の範囲は，

単位円と角 α の動径との交点の y 座標が $\dfrac{1}{2}$

より小さい範囲である。

ゆえに $-\dfrac{\pi}{6} \leqq \alpha < \dfrac{\pi}{6},\ \dfrac{5}{6}\pi < \alpha < \dfrac{13}{6}\pi,\ \dfrac{17}{6}\pi < \alpha < \dfrac{23}{6}\pi$

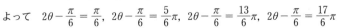

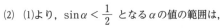

よって $-\dfrac{\pi}{6} \leqq 2\theta - \dfrac{\pi}{6} < \dfrac{\pi}{6},\ \dfrac{5}{6}\pi < 2\theta - \dfrac{\pi}{6} < \dfrac{13}{6}\pi,\ \dfrac{17}{6}\pi < 2\theta - \dfrac{\pi}{6} < \dfrac{23}{6}\pi$

したがって $0 \leqq \theta < \dfrac{\pi}{6},\ \dfrac{\pi}{2} < \theta < \dfrac{7}{6}\pi,\ \dfrac{3}{2}\pi < \theta < 2\pi$ 答

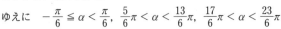

212 $0 \leqq \theta < 2\pi$ のとき，次の方程式と不等式を解け。

(1) $\sin\left(2\theta + \dfrac{\pi}{3}\right) = -\dfrac{1}{2}$ (2) $\cos\left(2\theta - \dfrac{\pi}{4}\right) = \dfrac{\sqrt{3}}{2}$

(3) $\sin\left(2\theta + \dfrac{\pi}{6}\right) > \dfrac{\sqrt{3}}{2}$ (4) $\cos\left(2\theta - \dfrac{\pi}{3}\right) < \dfrac{1}{\sqrt{2}}$

三角関数を含む関数の最大値・最小値

例題 29

$0 \leqq \theta < 2\pi$ のとき，次の関数の最大値，最小値，およびそのときの θ の値を求めよ。
$$y = \sin^2\theta - 2\sin\theta - 2$$

考え方 $\sin\theta = x$ とおいて，x の値の範囲に注意して最大値と最小値を求める。

解 $\sin\theta = x$ とおくと

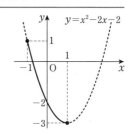

$0 \leqq \theta < 2\pi$ より $-1 \leqq x \leqq 1$

$\begin{aligned} y &= \sin^2\theta - 2\sin\theta - 2 \\ &= x^2 - 2x - 2 \\ &= (x-1)^2 - 3 \end{aligned}$

ゆえに

$x = -1$ のとき，最大値 1 をとり

$x = 1$ のとき，最小値 -3 をとる。

よって

$\sin\theta = -1$ のとき最大値 1 をとり

$\sin\theta = 1$ のとき最小値 -3 をとる。

したがって

$\theta = \dfrac{3}{2}\pi$ **のとき，最大値 1 をとり**

$\theta = \dfrac{\pi}{2}$ **のとき，最小値 -3 をとる。** 答

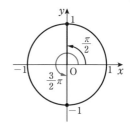

---

213 $0 \leqq \theta < 2\pi$ のとき，次の関数の最大値，最小値，およびそのときの θ の値を求めよ。

(1) $y = \cos^2\theta - 4\cos\theta - 2$

(2) $y = \sin^2\theta - \sin\theta + 1$

214 $0 \leqq \theta < 2\pi$ のとき，次の関数の最大値，最小値，およびそのときの θ の値を求めよ。

(1) $y = \sin^2\theta - \cos\theta + 1$

(2) $y = \cos^2\theta + \sqrt{2}\sin\theta + 1$

2節　加法定理

✧1　加法定理

▶教 p.130〜p.134

1 三角関数の加法定理

$\sin(\alpha+\beta) = \sin\alpha\cos\beta + \cos\alpha\sin\beta$ 　　$\sin(\alpha-\beta) = \sin\alpha\cos\beta - \cos\alpha\sin\beta$

$\cos(\alpha+\beta) = \cos\alpha\cos\beta - \sin\alpha\sin\beta$ 　　$\cos(\alpha-\beta) = \cos\alpha\cos\beta + \sin\alpha\sin\beta$

$\tan(\alpha+\beta) = \dfrac{\tan\alpha + \tan\beta}{1 - \tan\alpha\tan\beta}$ 　　$\tan(\alpha-\beta) = \dfrac{\tan\alpha - \tan\beta}{1 + \tan\alpha\tan\beta}$

2 2直線のなす角

直線 $y = mx$ と x 軸の正の部分とのなす角を α とすると

$\qquad m = \tan\alpha$

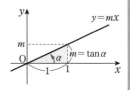

SPIRAL A

215 次の値を求めよ。　　　　　　　　　　　　　　　　　　　▶教 p.131 例1

(1)　$\cos 105°$ 　　　　*(2)　$\sin 165°$ 　　　　(3)　$\sin 345°$ 　　　*(4)　$\cos 195°$

216 $\sin\alpha = \dfrac{12}{13}$, $\cos\beta = -\dfrac{3}{5}$ のとき，次の値を求めよ。ただし，α は第2象

限の角，β は第3象限の角とする。　　　　　　　　　　　　▶教 p.132 例題1

(1)　$\sin(\alpha+\beta)$ 　　　　　　　　　　*(2)　$\sin(\alpha-\beta)$

*(3)　$\cos(\alpha+\beta)$ 　　　　　　　　　　(4)　$\cos(\alpha-\beta)$

217 次の値を求めよ。　　　　　　　　　　　　　　　　　　　▶教 p.133 例2

(1)　$\tan 285°$ 　　　　　　　　　　　　*(2)　$\tan 255°$

218 2直線 $y = 3x$, $y = \dfrac{1}{2}x$ のなす角 θ を求めよ。ただし，$0 < \theta < \dfrac{\pi}{2}$ と

する。　　　　　　　　　　　　　　　　　　　　　　　　　▶教 p.134 例題2

SPIRAL B

219 $\sin\alpha + \cos\beta = \dfrac{1}{2}$, $\cos\alpha + \sin\beta = \dfrac{\sqrt{2}}{2}$ のとき，$\sin(\alpha+\beta)$ の値を求

めよ。　　　　　　　　　　　　　　　　　　　　　　　　　▶教 p.143 章末9

220 $\alpha + \beta = \dfrac{\pi}{4}$ のとき，$(\tan\alpha + 1)(\tan\beta + 1)$ の値を求めよ。

SPIRAL C

第3章　三角関数

例題30

三角関数と点の回転移動

右の図のように，点 $\mathrm{P}(2, 3)$ を原点 O を中心として，時計の針の回転と逆の向きに $\dfrac{\pi}{3}$ だけ回転した位置にある点 Q の座標を求めよ。

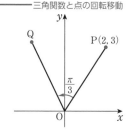

考え方　x 軸の正の部分を始線とする動径 OP の表す角を α とすると，$\mathrm{OP}\cos\alpha = 2$，$\mathrm{OP}\sin\alpha = 3$，動径 OQ の表す角は $\alpha + \dfrac{\pi}{3}$

解　x 軸の正の部分を始線とし，動径 OP の表す角を α とすると

$$\mathrm{OP}\cos\alpha = 2, \quad \mathrm{OP}\sin\alpha = 3$$

動径 OQ の表す角は $\alpha + \dfrac{\pi}{3}$

である。

点 Q の座標を (x, y) とすると，$\mathrm{OQ} = \mathrm{OP}$ より

$$x = \mathrm{OP}\cos\left(\alpha + \frac{\pi}{3}\right), \quad y = \mathrm{OP}\sin\left(\alpha + \frac{\pi}{3}\right)$$

ゆえに，加法定理より

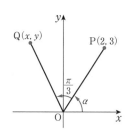

$$x = \mathrm{OP}\left(\cos\alpha\cos\frac{\pi}{3} - \sin\alpha\sin\frac{\pi}{3}\right)$$
$$= \mathrm{OP}\cos\alpha\cos\frac{\pi}{3} - \mathrm{OP}\sin\alpha\sin\frac{\pi}{3}$$
$$= 2 \times \frac{1}{2} - 3 \times \frac{\sqrt{3}}{2} = \frac{2 - 3\sqrt{3}}{2}$$

$$y = \mathrm{OP}\left(\sin\alpha\cos\frac{\pi}{3} + \cos\alpha\sin\frac{\pi}{3}\right)$$
$$= \mathrm{OP}\sin\alpha\cos\frac{\pi}{3} + \mathrm{OP}\cos\alpha\sin\frac{\pi}{3}$$
$$= 3 \times \frac{1}{2} + 2 \times \frac{\sqrt{3}}{2} = \frac{3 + 2\sqrt{3}}{2}$$

よって，点 Q の座標は $\left(\dfrac{2 - 3\sqrt{3}}{2}, \dfrac{3 + 2\sqrt{3}}{2}\right)$ 答

221　右の図のように，点 $\mathrm{P}(2, -1)$ を原点 O を中心として，時計の針の回転と同じ向きに $\dfrac{\pi}{4}$ だけ回転した位置にある点 Q の座標を求めよ。

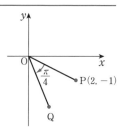

÷2　加法定理の応用

◼ 2倍角の公式，半角の公式

▶國p.135〜p.136, p.138〜p.140

2倍角の公式　[1]　$\sin 2\alpha = 2\sin\alpha\cos\alpha$

[2]　$\cos 2\alpha = \cos^2\alpha - \sin^2\alpha = 2\cos^2\alpha - 1 = 1 - 2\sin^2\alpha$

[3]　$\tan 2\alpha = \dfrac{2\tan\alpha}{1 - \tan^2\alpha}$

半角の公式　$\sin^2\dfrac{\alpha}{2} = \dfrac{1 - \cos\alpha}{2}$, $\cos^2\dfrac{\alpha}{2} = \dfrac{1 + \cos\alpha}{2}$, $\tan^2\dfrac{\alpha}{2} = \dfrac{1 - \cos\alpha}{1 + \cos\alpha}$

◻ 三角関数の合成

$a\sin\theta + b\cos\theta = \sqrt{a^2 + b^2}\sin(\theta + \alpha)$

ただし，$\cos\alpha = \dfrac{a}{\sqrt{a^2 + b^2}}$, $\sin\alpha = \dfrac{b}{\sqrt{a^2 + b^2}}$

SPIRAL A

222 次の角 α について，$\sin 2\alpha$, $\cos 2\alpha$, $\tan 2\alpha$ の値を求めよ。　▶國p.135例題3

(1)　α が第1象限の角で，$\sin\alpha = \dfrac{2}{3}$

(2)　α が第2象限の角で，$\cos\alpha = -\dfrac{1}{3}$

223 半角の公式を用いて，次の三角関数の値を求めよ。　▶國p.136例3

*(1)　$\sin 15°$　　　　　(2)　$\cos 15°$　　　　　*(3)　$\cos 67.5°$

224 次の式を $r\sin(\theta + \alpha)$ の形に変形せよ。ただし，$r > 0$ とする。

(1)　$\sin\theta + \sqrt{3}\cos\theta$　　　　　(2)　$3\sin\theta - \sqrt{3}\cos\theta$　▶國p.139例4

(3)　$-\sin\theta + \cos\theta$　　　　　(4)　$3\sin\theta + \sqrt{3}\cos\theta$

225 次の関数の最大値と最小値を求めよ。　▶國p.139例題4

*(1)　$y = 2\sin\theta + \cos\theta$　　　　　(2)　$y = 2\sin\theta - \sqrt{5}\cos\theta$

SPIRAL B

226 $0 \leqq \theta < 2\pi$ のとき，次の方程式を解け。　▶國p.136応用例題1

(1)　$\cos 2\theta - \cos\theta = -1$　　　　*(2)　$\sin 2\theta = \sqrt{3}\sin\theta$

*(3)　$\cos 2\theta - 5\cos\theta + 3 = 0$　　　(4)　$\cos 2\theta = \sin\theta$

227 α が第4象限の角で，$\cos\alpha = \dfrac{1}{3}$ のとき，$\sin\dfrac{\alpha}{2}$, $\cos\dfrac{\alpha}{2}$, $\tan\dfrac{\alpha}{2}$ の値を求めよ。

――――三角関数を含む不等式

例題 31

$0 \leqq \theta < 2\pi$ のとき，次の不等式を解け。

(1)　$\cos 2\theta - \sin\theta \geqq 0$　　　　(2)　$\sin 2\theta + \cos\theta \geqq 0$

解

(1)　$\cos 2\theta = 1 - 2\sin^2\theta$ より
$$1 - 2\sin^2\theta - \sin\theta \geqq 0$$
$$2\sin^2\theta + \sin\theta - 1 \leqq 0$$
$$(\sin\theta + 1)(2\sin\theta - 1) \leqq 0 \quad \cdots\cdots ①$$

$0 \leqq \theta < 2\pi$ のとき　$-1 \leqq \sin\theta \leqq 1$

よって，①を満たす $\sin\theta$ の値の範囲は
$$-1 \leqq \sin\theta \leqq \frac{1}{2}$$

したがって　$0 \leqq \theta \leqq \dfrac{\pi}{6},\ \dfrac{5}{6}\pi \leqq \theta < 2\pi$ **答**

(2)　$\sin 2\theta = 2\sin\theta\cos\theta$ より
$$2\sin\theta\cos\theta + \cos\theta \geqq 0$$

ゆえに　$\cos\theta(2\sin\theta + 1) \geqq 0$

よって
$$\begin{cases} \cos\theta \geqq 0 \\ 2\sin\theta + 1 \geqq 0 \end{cases} \cdots\cdots ① \quad \text{または} \quad \begin{cases} \cos\theta \leqq 0 \\ 2\sin\theta + 1 \leqq 0 \end{cases} \cdots\cdots ②$$

$0 \leqq \theta < 2\pi$ の範囲において，①は，$\cos\theta \geqq 0$ を満たす θ の範囲と $\sin\theta \geqq -\dfrac{1}{2}$ を満たす θ の範囲の共通部分であるから
$$0 \leqq \theta \leqq \frac{\pi}{2},\ \frac{11}{6}\pi \leqq \theta < 2\pi$$

②は，$\cos\theta \leqq 0$ を満たす θ の範囲と $\sin\theta \leqq -\dfrac{1}{2}$ を満たす θ の範囲の共通部分であるから
$$\frac{7}{6}\pi \leqq \theta \leqq \frac{3}{2}\pi$$

したがって　$0 \leqq \theta \leqq \dfrac{\pi}{2},\ \dfrac{7}{6}\pi \leqq \theta \leqq \dfrac{3}{2}\pi,\ \dfrac{11}{6}\pi \leqq \theta < 2\pi$ **答**

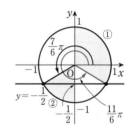

228　$0 \leqq \theta < 2\pi$ のとき，次の不等式を解け。

(1)　$\cos 2\theta + \sin\theta < 0$　　　　(2)　$\sin 2\theta + \sqrt{2}\,\sin\theta > 0$

(3)　$\cos 2\theta - \cos\theta \leqq 0$　　　　(4)　$\sin 2\theta - \cos\theta < 0$

例題
32

2倍角の公式とグラフ

関数 $y = \cos^2\theta - 1$ のグラフをかけ。また，その周期をいえ。

▶数p.143章末8

解

$\cos 2\theta = 2\cos^2\theta - 1$ より　$\cos^2\theta = \dfrac{1}{2}\cos 2\theta + \dfrac{1}{2}$ であるから，

$y = \cos^2\theta - 1$ は，$y = \dfrac{1}{2}\cos 2\theta - \dfrac{1}{2}$ と変形できる。

よって $y = \cos^2\theta - 1$ のグラフは，$y = \dfrac{1}{2}\cos 2\theta$ のグラフを y 軸方向に $-\dfrac{1}{2}$ だけ平行移動した次のようなグラフとなる。また，**周期は π** である。答

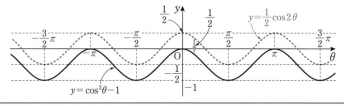

答

229 関数 $y = 3\sin^2\theta + \cos^2\theta$ のグラフをかけ。また，その周期をいえ。

SPIRAL C

230 $0 \leqq \theta < 2\pi$ のとき，次の方程式を解け。　　　　▶数p.140応用例題2

(1) $\sin\theta + \cos\theta = -1$　　　　　(2) $\sqrt{3}\sin\theta - \cos\theta - \sqrt{2} = 0$

例題
33

三角関数の合成と不等式

$0 \leqq \theta < 2\pi$ のとき，不等式 $\sqrt{3}\sin\theta - \cos\theta > 1$ を解け。

解

$\sqrt{3}\sin\theta - \cos\theta > 1$ の左辺を変形すると　$\sqrt{3}\sin\theta - \cos\theta = 2\sin\left(\theta - \dfrac{\pi}{6}\right)$

よって，$2\sin\left(\theta - \dfrac{\pi}{6}\right) > 1$ より　$\sin\left(\theta - \dfrac{\pi}{6}\right) > \dfrac{1}{2}$　……①

$0 \leqq \theta < 2\pi$ より　$-\dfrac{\pi}{6} \leqq \theta - \dfrac{\pi}{6} < \dfrac{11}{6}\pi$

この範囲で①を満たす $\theta - \dfrac{\pi}{6}$ の値の範囲は

$\dfrac{\pi}{6} < \theta - \dfrac{\pi}{6} < \dfrac{5}{6}\pi$ より　$\dfrac{\pi}{3} < \theta < \pi$　答

231 $0 \leqq \theta < 2\pi$ のとき，次の不等式を解け。

(1) $\sin\theta + \sqrt{3}\cos\theta > \sqrt{3}$　　　　(2) $\sin\theta - \cos\theta \leqq \dfrac{1}{\sqrt{2}}$

232 $0 \leqq \theta \leqq \pi$ のとき，関数 $y = 2\sin\theta + 3\cos\theta$ の最大値と最小値を求めよ。

思考力 PLUS 和と積の公式

1 積を和・差に直す公式

▶教p.137

[1] $\sin\alpha\cos\beta = \dfrac{1}{2}\{\sin(\alpha+\beta)+\sin(\alpha-\beta)\}$

[2] $\cos\alpha\sin\beta = \dfrac{1}{2}\{\sin(\alpha+\beta)-\sin(\alpha-\beta)\}$

[3] $\cos\alpha\cos\beta = \dfrac{1}{2}\{\cos(\alpha+\beta)+\cos(\alpha-\beta)\}$

[4] $\sin\alpha\sin\beta = -\dfrac{1}{2}\{\cos(\alpha+\beta)-\cos(\alpha-\beta)\}$

2 和・差を積に直す公式

[5] $\sin A + \sin B = 2\sin\dfrac{A+B}{2}\cos\dfrac{A-B}{2}$

[6] $\sin A - \sin B = 2\cos\dfrac{A+B}{2}\sin\dfrac{A-B}{2}$

[7] $\cos A + \cos B = 2\cos\dfrac{A+B}{2}\cos\dfrac{A-B}{2}$

[8] $\cos A - \cos B = -2\sin\dfrac{A+B}{2}\sin\dfrac{A-B}{2}$

SPIRAL B

233 次の計算をせよ。

▶教p.137例1

(1) $\cos 75°\sin 15°$

(2) $\sin 15°\sin 105°$

(3) $\cos 37.5°\cos 7.5°$

(4) $\sin 75° - \sin 15°$

(5) $\cos 75° + \cos 15°$

(6) $\cos 105° - \cos 15°$

SPIRAL C

——和と積の公式の利用

例題 34 次の積を和または差の形に，また，和を積の形に変形せよ。

(1) $2\sin 4\theta\cos 2\theta$

(2) $\sin\theta + \sin 3\theta$

解 (1) $2\sin 4\theta\cos 2\theta = 2\times\dfrac{1}{2}\{\sin(4\theta+2\theta)+\sin(4\theta-2\theta)\}$

$\qquad = \boldsymbol{\sin 6\theta + \sin 2\theta}$ 答

(2) $\sin\theta + \sin 3\theta = 2\sin\dfrac{\theta+3\theta}{2}\cos\dfrac{\theta-3\theta}{2}$

$\qquad = 2\sin 2\theta\cos(-\theta) = \boldsymbol{2\sin 2\theta\cos\theta}$ 答

234 次の積を和または差の形に変形せよ。

(1) $2\cos 4\theta\sin 2\theta$

(2) $2\sin 3\theta\sin\theta$

235 次の和・差を積の形に変形せよ。

(1) $\sin 3\theta + \sin\theta$

(2) $\cos 2\theta + \cos 4\theta$

(3) $\cos\theta - \cos 5\theta$

1節 指数関数

÷1 指数の拡張

▶教 p.146〜p.153

◼1 整数の指数
$a \neq 0$, n が正の整数のとき $\quad a^0 = 1$, $a^{-n} = \dfrac{1}{a^n}$

◼2 累乗根の性質
$a > 0$, $b > 0$, m, n が正の整数のとき
$$\sqrt[n]{a}\sqrt[n]{b} = \sqrt[n]{ab}, \quad \frac{\sqrt[n]{a}}{\sqrt[n]{b}} = \sqrt[n]{\frac{a}{b}}, \quad (\sqrt[n]{a})^m = \sqrt[n]{a^m}, \quad \sqrt[m]{\sqrt[n]{a}} = \sqrt[mn]{a}$$

注 この章では，実数の範囲で累乗根を考える。

◼3 有理数の指数
$a > 0$, m を整数，n を正の整数，r を有理数とするとき
[1] $a^{\frac{m}{n}} = \sqrt[n]{a^m}$ とくに，$a^{\frac{1}{n}} = \sqrt[n]{a}$ [2] $a^{-r} = \dfrac{1}{a^r}$

◼4 指数法則
$a > 0$, $b > 0$, r, s が有理数のとき
[1] $a^r \times a^s = a^{r+s}$, $a^r \div a^s = a^{r-s}$ [2] $(a^r)^s = a^{rs}$ [3] $(ab)^r = a^r b^r$
注 r, s が実数のときにも，この指数法則は成り立つ。

SPIRAL A

236 次の計算をせよ。 ▶教 p.146例1

*(1) $a^3 \times a^5$ (2) $(a^2)^6$ (3) $(a^2)^3 \times a^4$
(4) $(ab^3)^2$ (5) $(a^2b^4)^3$ (6) $a^2 \times (a^3b^4)^2$

237 次の値を求めよ。 ▶教 p.147例2

*(1) 5^0 (2) 6^{-2} *(3) 10^{-1} (4) $(-4)^{-3}$

238 次の計算をせよ。 ▶教 p.148例3

*(1) $a^4 \times a^{-1}$ (2) $a^{-2} \times a^3$ *(3) $a^{-3} \div a^{-4}$
(4) $a^3 \div a^{-5}$ *(5) $(a^{-2}b^{-3})^{-2}$ (6) $a^4 \times a^{-3} \div (a^2)^{-1}$

239 次の計算をせよ。 ▶教 p.148例4

(1) $10^{-4} \times 10^5$ *(2) $7^{-4} \div 7^{-6}$ (3) $3^5 \times 3^{-5}$
(4) $2^3 \times 2^{-2} \div 2^{-4}$ *(5) $2^2 \div 2^5 \div 2^{-3}$ *(6) $(-3^{-1})^{-2} \div 3^2 \times 3^4$

240 次の値を求めよ。 ▶國p.149例5, 6

　　*(1) -8 の3乗根　　(2) 625 の4乗根　　*(3) 32 の5乗根

　　(4) $\sqrt[5]{-32}$　　　　*(5) $\sqrt[4]{10000}$　　(6) $\sqrt[3]{-\dfrac{1}{64}}$

241 次の式を簡単にせよ。 ▶國p.150例7, p.151例8

　　*(1) $\sqrt[3]{7} \times \sqrt[3]{49}$　　(2) $\dfrac{\sqrt[3]{81}}{\sqrt[3]{3}}$　　(3) $(\sqrt[6]{8})^2$　　*(4) $\sqrt{\sqrt[3]{64}}$

242 次の値を求めよ。 ▶國p.152例9

　　*(1) $9^{\frac{3}{2}}$　　(2) $64^{\frac{2}{3}}$　　*(3) $125^{-\frac{1}{3}}$　　(4) $16^{-\frac{3}{4}}$

243 次の計算をせよ。 ▶國p.153例10

　　(1) $\sqrt[3]{a^2} \times \sqrt[3]{a^4}$　　　　　　*(2) $\sqrt[4]{a^6} \div \sqrt{a}$

　　*(3) $\sqrt{a} \div \sqrt[6]{a} \times \sqrt[3]{a^2}$　　　(4) $\sqrt[3]{a^7} \times \sqrt[4]{a^5} \div \sqrt[12]{a^7}$

244 次の計算をせよ。 ▶國p.153例11

　　(1) $27^{\frac{1}{6}} \times 9^{\frac{3}{4}}$　　*(2) $16^{\frac{1}{3}} \div 4^{\frac{1}{6}}$　　(3) $\sqrt[3]{4} \times \sqrt[6]{4}$

　　*(4) $\sqrt[5]{4} \times \sqrt[5]{8}$　　*(5) $(9^{-\frac{3}{5}})^{\frac{5}{6}}$　　*(6) $\sqrt{2} \times \sqrt[6]{2} \div \sqrt[3]{4}$

SPIRAL　B

245 次の計算をせよ。

　　*(1) $(a^3)^{\frac{1}{6}} \times (a^2)^{\frac{3}{4}}$　　　　(2) $a^{\frac{3}{4}} \times a^{\frac{7}{12}} \div a^{\frac{1}{3}}$

　　(3) $\sqrt[3]{a^2} \div \sqrt[6]{a}$　　　　　　*(4) $\sqrt{a} \times \sqrt[6]{a} \div \sqrt[3]{a^2}$

246 次の計算をせよ。

　　(1) $\sqrt[3]{3} - \sqrt[3]{192} + \sqrt[3]{81}$　　　*(2) $\sqrt[4]{8} \times \sqrt{2} \div \sqrt[8]{4}$

　　(3) $\sqrt{a^{-3}} \times \sqrt[6]{a^7} \div \sqrt[3]{a^{-4}}$　　*(4) $\dfrac{1}{\sqrt[3]{a}} \times a\sqrt{a} \div \sqrt[3]{\sqrt{a}}$

247 次の計算をせよ。

　　(1) $4^2 \times \left(\dfrac{1}{4}\right)^{\frac{2}{3}} \div \sqrt[3]{4}$　　　*(2) $9^{-\frac{1}{3}} \div \sqrt[3]{3^{-5}} \times 3^{-\frac{1}{2}}$

　　*(3) $\sqrt{a^3 b} \times \sqrt[6]{ab} \div \sqrt[3]{a^2 b^{-1}}$　　(4) $\sqrt[3]{a^5} \div (a^3 b)^{\frac{2}{3}} \times (ab^2)^{\frac{1}{3}}$

❖2 指数関数

1 指数関数 $y = a^x$ の性質

▶國p.154～p.158

[1] 定義域は実数全体，値域は正の実数全体。

[2] グラフは点 $(0, 1)$ を通る。

[3] x 軸がグラフの漸近線。

[4] ・$a > 1$ のとき　　　x の値が増加すると，y の値も増加する。

　　・$0 < a < 1$ のとき　　x の値が増加すると，y の値は減少する。

上の性質より，

$a > 1$ のとき

　$p < q \iff a^p < a^q$

$0 < a < 1$ のとき

　$p < q \iff a^p > a^q$

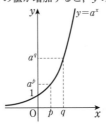 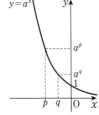

SPIRAL A

*248 次の関数のグラフをかけ。

▶國p.155練習12

(1) $y = 4^x$ 　　　　(2) $y = \left(\dfrac{1}{4}\right)^x$ 　　　　(3) $y = -4^x$

249 次の3つの数の大小を比較せよ。

▶國p.157例題1

*(1) $\sqrt[3]{3^4}$, $\sqrt[4]{3^5}$, $\sqrt[5]{3^6}$ 　　　　(2) $\sqrt{8}$, $\sqrt[3]{16}$, $\sqrt[4]{32}$

*(3) $\left(\dfrac{1}{3}\right)^2$, $\left(\dfrac{1}{9}\right)^{\frac{1}{2}}$, $\dfrac{1}{27}$ 　　　(4) $\sqrt{\dfrac{1}{5}}$, $\sqrt[3]{\dfrac{1}{25}}$, $\sqrt[4]{\dfrac{1}{125}}$

250 次の方程式を解け。

▶國p.158例題2

(1) $2^x = 64$ 　　　*(2) $8^x = 2^6$ 　　　*(3) $3^x = \dfrac{1}{27}$

(4) $2^{-3x} = 8$ 　　*(5) $8^{3x} = 64$ 　　　(6) $\left(\dfrac{1}{8}\right)^x = 32$

251 次の不等式を解け。

▶國p.158例題3

*(1) $2^x < 8$ 　　　*(2) $3^x > \dfrac{1}{9}$ 　　　*(3) $\left(\dfrac{1}{4}\right)^x \geqq 8$

(4) $3^{-x} < 3\sqrt{3}$ 　　*(5) $5^{x-2} \leqq 125$ 　　(6) $\left(\dfrac{1}{5}\right)^{2x} < \dfrac{1}{\sqrt[3]{5}}$

SPIRAL **B**

*252 次の関数のグラフと関数 $y = 3^x$ のグラフはどのような位置関係にあるか。

(1) $y = -3^x$ 　　(2) $y = 3^{-x}$ 　　(3) $y = 3^{x+2} - 1$

253 次の3つの数の大小を比較せよ。

(1) $\sqrt{2}$, $\sqrt[3]{3}$, $\sqrt[4]{5}$ 　　　*(2) 2^{30}, 3^{20}, 6^{10}

254 次の方程式を解け。

(1) $3^{x-2} = 9\sqrt{3}$ 　　*(2) $8^x = 2^{2x+1}$ 　　(3) $3^{x-6} = \left(\dfrac{1}{9}\right)^x$

255 次の不等式を解け。

*(1) $3^{3-x} > 9^x$ 　　　　(2) $\left(\dfrac{1}{27}\right)^x \geqq \left(\dfrac{1}{3}\right)^{x+1}$

*(3) $\left(\dfrac{1}{3}\right)^2 < \left(\dfrac{1}{3}\right)^x < 1$ 　　(4) $\sqrt[3]{4} < 2^{x-3} < \sqrt[5]{64}$

SPIRAL **C**

| 例題 35 | 不等式 $4^x - 2^{x+1} - 8 > 0$ を解け。 ──指数関数を含む不等式 |

解　$4^x - 2^{x+1} - 8 > 0$ より $(2^x)^2 - 2 \times 2^x - 8 > 0$
$2^x = t$ とおくと $t^2 - 2t - 8 > 0$ より $(t+2)(t-4) > 0$
$t > 0$ より $t > 4$
よって $2^x > 4$ すなわち $2^x > 2^2$
底2は1より大きいから **$x > 2$** 答

256 次の方程式を解け。

(1) $2^{2x} - 9 \times 2^x + 8 = 0$ 　　(2) $9^x - 3^{x+1} - 54 = 0$

257 次の不等式を解け。

(1) $9^x - 8 \times 3^x - 9 > 0$ 　　(2) $4^x - 10 \times 2^x + 16 < 0$

ヒント 252 一般に，$y = f(x)$ と x 軸，y 軸に関して対称なグラフをもつ関数は，それぞれ $y = -f(x)$, $y = f(-x)$ である。また，$y = f(x)$ のグラフを x 軸方向に p，y 軸方向に q だけ平行移動したグラフをもつ関数は $y = f(x-p) + q$ である。

253 (1) 各数の指数を $\dfrac{1}{12}$ にそろえて，$a < b \Rightarrow a^{\frac{1}{n}} < b^{\frac{1}{n}}$ $(n > 0)$ であることを用いる。

指数を含む式の値

例題 36

$2^x + 2^{-x} = 5$ のとき，次の式の値を求めよ。

(1) $2^{2x} + 2^{-2x}$

(2) $8^x + 8^{-x}$

解

(1) $2^{2x} + 2^{-2x} = (2^x)^2 + (2^{-x})^2$

$\qquad = (2^x + 2^{-x})^2 - 2 \times 2^x \times 2^{-x}$　　　←$a^2 + b^2 = (a+b)^2 - 2ab$

$\qquad = 5^2 - 2 \times 1$

$\qquad = \mathbf{23}$　答

(2) $8^x + 8^{-x} = (2^3)^x + (2^3)^{-x}$

$\qquad = (2^x)^3 + (2^{-x})^3$

$\qquad = (2^x + 2^{-x})^3 - 3 \times 2^x \times 2^{-x}(2^x + 2^{-x})$　　←$a^3 + b^3 = (a+b)^3 - 3ab(a+b)$

$\qquad = 5^3 - 3 \times 1 \times 5$

$\qquad = \mathbf{110}$　答

258 $3^x + 3^{-x} = 3$ のとき，次の式の値を求めよ。

(1) $9^x + 9^{-x}$

(2) $27^x + 27^{-x}$

指数を含む関数の最大値・最小値

例題 37

関数 $y = 3^{2x} - 2 \times 3^{x+1} + 4$　$(0 \le x \le 2)$ の最大値と最小値を求めよ。
また，そのときの x の値を求めよ。

解

$3^x = t$ とおくと

$\quad y = 3^{2x} - 2 \times 3^{x+1} + 4$

$\qquad = (3^x)^2 - 2 \times 3^x \times 3 + 4$

$\qquad = t^2 - 6t + 4$

$\qquad = (t - 3)^2 - 5$

ここで，$0 \le x \le 2$ より，$3^0 \le 3^x \le 3^2$ すなわち $1 \le t \le 9$

ゆえに，y は

$\quad t = 9$ のとき最大値 31

$\quad t = 3$ のとき最小値 -5

をとる。

$\quad t = 9$ のとき，$3^x = 3^2$ より　$x = 2$

$\quad t = 3$ のとき，$3^x = 3^1$ より　$x = 1$

よって

$x = 2$ のとき最大値 31，$x = 1$ のとき最小値 -5 をとる。　答

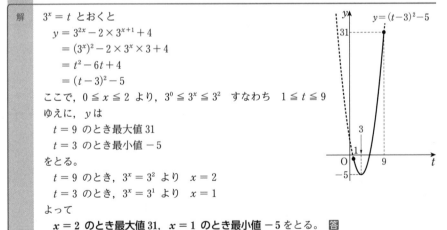

259 次の関数の最大値と最小値を求めよ。また，そのときの x の値を求めよ。

(1) $y = 4^x - 2^{x+2}$　$(-1 \le x \le 3)$

(2) $y = \left(\dfrac{1}{9}\right)^x - 2\left(\dfrac{1}{3}\right)^{x-1} + 2$　$(-2 \le x \le 0)$

2 節　対数関数

÷1　対数とその性質

1 対数
▶敎 p.160〜p.164

$a > 0,\ a \neq 1,\ M > 0$ のとき　　$M = a^p \iff \log_a M = p$

とくに　$\log_a a^p = p,\ \log_a 1 = 0,\ \log_a a = 1$

2 対数の性質

$a > 0,\ a \neq 1,\ M > 0,\ N > 0,\ r$ が実数のとき

[1] $\log_a MN = \log_a M + \log_a N$

[2] $\log_a \dfrac{M}{N} = \log_a M - \log_a N$　　　とくに　$\log_a \dfrac{1}{N} = -\log_a N$

[3] $\log_a M^r = r \log_a M$

3 底の変換公式

$a > 0,\ b > 0,\ c > 0,\ a \neq 1,\ c \neq 1$ のとき　　$\log_a b = \dfrac{\log_c b}{\log_c a}$

SPIRAL A

*260 次の式を $\log_a M = p$ の形で表せ。
▶敎 p.161 例1

(1) $9 = 3^2$　　　(2) $1 = 5^0$　　　(3) $\dfrac{1}{64} = 4^{-3}$　　　(4) $\sqrt{7} = 7^{\frac{1}{2}}$

261 次の式を $M = a^p$ の形で表せ。
▶敎 p.161 例1

*(1) $\log_2 32 = 5$　　　(2) $\log_9 27 = \dfrac{3}{2}$　　　*(3) $\log_5 \dfrac{1}{125} = -3$

262 次の値を求めよ。
▶敎 p.161 例2, 例題1

*(1) $\log_2 2$　　(2) $\log_3 27$　　*(3) $\log_5 1$　　(4) $\log_8 2$

(5) $\log_3 \dfrac{1}{9}$　　*(6) $\log_{\frac{1}{2}} 8$　　*(7) $\log_{25} \dfrac{1}{\sqrt{5}}$　　*(8) $\log_{\sqrt{3}} 3$

*263 次の □ の中に適する数を入れよ。
▶敎 p.162 例3

(1) $\log_2 3 + \log_2 5 = \log_2 \boxed{}$　　(2) $\log_3 (2 \times 7) = \log_3 2 + \log_3 \boxed{}$

(3) $\log_2 15 - \log_2 3 = \log_2 \boxed{}$　　(4) $\log_2 \dfrac{7}{5} = \log_2 \boxed{} - \log_2 \boxed{}$

(5) $\log_3 2^5 = \boxed{} \log_3 2$　　(6) $\log_2 9 = \boxed{} \log_2 3$

(7) $\log_2 \dfrac{1}{3} = -\log_2 \boxed{}$　　(8) $\log_2 \sqrt{5} = \dfrac{1}{\boxed{}} \log_2 5$

264 次の式を簡単にせよ。　　　　　　　　　　　　　　　▶教 p.163 例題2

*(1)　$\log_{10} 4 + \log_{10} 25$　　　　　　　(2)　$\log_5 50 - \log_5 2$

*(3)　$\log_2 \sqrt{18} - \log_2 \dfrac{3}{4}$　　　　　(4)　$\log_2 (2 + \sqrt{2}) + \log_2 (2 - \sqrt{2})$

(5)　$2\log_3 3\sqrt{2} - \log_3 2$　　　　　　*(6)　$2\log_{10} 5 - \log_{10} 15 + 2\log_{10} \sqrt{6}$

265 次の式を簡単にせよ。　　　　　　　　　　　　　　　▶教 p.164 例4

*(1)　$\log_4 8$　　　　　(2)　$\log_9 \sqrt{3}$　　　　*(3)　$\log_8 \dfrac{1}{32}$

*(4)　$\log_3 8 \times \log_4 3$　　　(5)　$\log_2 12 - \log_4 9$　　　(6)　$\dfrac{\log_4 9}{\log_2 3}$

SPIRAL **B**　　　　　　　　　　　　　　　　　　　　　対数の値

例題 38　$\log_{10} 2 = a$, $\log_{10} 3 = b$ とするとき，次の値を a, b で表せ。

(1)　$\log_{10} 12$　　　　　　　　(2)　$\log_{10} 15$

解
(1)　$\mathbf{\log_{10} 12} = \log_{10}(2^2 \times 3)$
　　　　$= \log_{10} 2^2 + \log_{10} 3 = 2\log_{10} 2 + \log_{10} 3 = \boldsymbol{2a + b}$　**答**

(2)　$\mathbf{\log_{10} 15} = \log_{10} \dfrac{3 \times 10}{2}$　←15を2と3と10を使って表す。

　　　　$= \log_{10} 3 + \log_{10} 10 - \log_{10} 2 = b + 1 - a = \boldsymbol{1 - a + b}$　**答**

266 $\log_2 3 = a$, $\log_2 5 = b$ とするとき，次の値を a, b で表せ。

(1)　$\log_2 45$　　　　　　　　*(2)　$\log_2 200$

*(3)　$\log_2 0.12$　　　　　　　(4)　$\log_2 120$

267 $\log_3 4 = p$, $\log_3 5 = q$ とするとき，次の値を p, q で表せ。

(1)　$\log_3 100$　　　　　　　*(2)　$\log_3 36$

(3)　$\log_3 180$　　　　　　　*(4)　$\log_3 3.2$

268 次の式を簡単にせよ。

(1)　$(\log_3 2 + \log_9 8)\log_4 27$　　　*(2)　$(\log_4 3 - \log_8 3)(\log_3 2 + \log_9 2)$

269 次の値を求めよ。

(1)　$10^{2\log_{10}\sqrt{3}}$　　　　　　　*(2)　$3^{\log_9 4}$

⋄2 ❘ 対数関数(1)

1 対数関数 $y = \log_a x$ の性質
▶敎p.165〜p.168

[1] 定義域は正の実数全体，値域は実数全体。

[2] グラフは点$(1,\ 0)$を通る。

[3] y軸がグラフの漸近線。

[4] ・$a > 1$ のとき　　xの値が増加すると，yの値も増加する。

　　・$0 < a < 1$ のとき　xの値が増加すると，yの値は減少する。

上の性質より，

$a > 1$ のとき

　$0 < p < q \iff \log_a p < \log_a q$

$0 < a < 1$ のとき

　$0 < p < q \iff \log_a p > \log_a q$

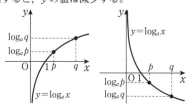

SPIRAL A

*270 次の関数のグラフをかけ。
▶敎p.165練習7

(1) $y = \log_4 x$

(2) $y = \log_{\frac{1}{4}} x$

271 次の図は関数 $y = \log_a x$ のグラフである。$a,\ b,\ c$ の値をそれぞれ求めよ。
▶敎p.166

(1)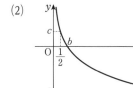

(2)

272 次の3つの数の大小を比較せよ。
▶敎p.167例題3

*(1) $\log_3 2,\ \log_3 4,\ \log_3 5$

*(2) $\log_{\frac{1}{4}} 1,\ \log_{\frac{1}{4}} 3,\ \log_{\frac{1}{4}} 4$

(3) $\log_2 3,\ \log_2 \sqrt{7},\ \log_2 \dfrac{7}{2}$

(4) $2\log_{\frac{1}{3}} 5,\ \dfrac{5}{2}\log_{\frac{1}{3}} 4,\ 3\log_{\frac{1}{3}} 3$

SPIRAL B

*273 次の問いに答えよ。

(1) $\frac{1}{4} \leqq x \leqq 8$ のとき，関数 $y = \log_2 x$ の最大値と最小値を求めよ。また，そのときの x の値を求めよ。

(2) 関数 $y = \log_2 x$ のグラフ上で，y 座標が $\frac{1}{2}$ である点の x 座標を求めよ。

274 次の問いに答えよ。

(1) $\frac{1}{9} \leqq x \leqq 27$ のとき，関数 $y = \log_{\frac{1}{3}} x$ の最大値と最小値を求めよ。また，そのときの x の値を求めよ。

(2) 関数 $y = \log_{\frac{1}{2}} x$ のグラフ上で，y 座標が $-\frac{1}{2}$ である点の x 座標を求めよ。

275 次の方程式を解け。

*(1) $\log_2 (x - 1) = 0$

(2) $\log_{\frac{1}{2}} (3x - 4) = -1$

*(3) $\log_{\frac{1}{2}} \frac{1}{x} = \frac{1}{2}$

(4) $\log_2 x^2 = 2$　ただし，$x > 0$

276 次の方程式を解け。　　　　　　　　　　　　　▶教p.168応用例題1

*(1) $\log_2 (x + 1) + \log_2 x = 1$

(2) $\log_{\frac{1}{2}} (x + 2) + \log_{\frac{1}{2}} (x - 2) = -5$

277 次の不等式を解け。　　　　　　　　　　　　　▶教p.168応用例題2

*(1) $\log_2 x > 3$

(2) $\log_4 x \leqq -1$

*(3) $\log_2 (x + 1) \geqq 3$

*(4) $\log_{\frac{1}{2}} x < -2$

(5) $\log_{\frac{1}{4}} x \geqq -1$

(6) $\log_{\frac{1}{3}} (x - 2) < -1$

278 次の不等式を解け。　　　　　　　　　　　　　▶教p.168応用例題2

*(1) $2\log_{\frac{1}{2}} (x - 2) > \log_{\frac{1}{2}} x$

(2) $\log_2 x + \log_2 (x - 1) \leqq \log_2 6$

*(3) $\log_{\frac{1}{2}} (x + 2) + \log_{\frac{1}{2}} (x - 2) < -5$

(4) $\log_3 (x - 1) > 1 + \log_3 (5 - x)$

SPIRAL **C**

279 $1 < a < b < a^2$ のとき

$$\log_a b, \quad \log_b a, \quad \log_a \frac{a}{b}, \quad \log_b \frac{b}{a}$$

の大小を比較せよ。

対数を含む関数の最大値・最小値

例題 39 次の関数の最大値と最小値を求めよ。

$$y = (\log_2 x)^2 - 2\log_2 x \quad (1 \leqq x \leqq 8)$$

考え方 $\log_2 x = t$ とおくと，y は t の2次関数になる。

解 $\log_2 x = t$ とおくと

$$y = (\log_2 x)^2 - 2\log_2 x$$
$$= t^2 - 2t$$
$$= (t-1)^2 - 1$$

ここで，$1 \leqq x \leqq 8$ より

$$\log_2 1 \leqq \log_2 x \leqq \log_2 8$$

すなわち

$$0 \leqq t \leqq 3$$

ゆえに，y は

$t = 3$ のとき最大値 3

$t = 1$ のとき最小値 -1

をとる。

$t = 3$ のとき　$x = 2^3$　より　$x = 8$

$t = 1$ のとき　$x = 2^1$　より　$x = 2$

よって，y は

$x = 8$ のとき最大値 3，$x = 2$ のとき最小値 -1 をとる。 答

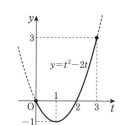
$y = t^2 - 2t$

280 次の関数の最大値と最小値を求めよ。

(1)　$y = (\log_3 x)^2 - \log_3 x - 2 \quad (1 \leqq x \leqq 27)$

(2)　$y = \left(\log_2 \frac{x}{2}\right)\left(\log_2 \frac{x}{8}\right) \quad \left(\frac{1}{2} \leqq x \leqq 8\right)$

❖2 対数関数(2)

▶️p.169〜p.171

1 常用対数
10 を底とする対数 $\log_{10} N$ を常用対数という。

2 桁数の求め方
・$n-1 \leqq \log_{10} N < n$ $\iff$ $10^{n-1} \leqq N < 10^n$ $\iff$ 正の整数 N は n 桁の数
・$-n \leqq \log_{10} M < -(n-1)$ $\iff$ $10^{-n} \leqq M < 10^{-(n-1)}$
　　　$\iff$ 小数 M は小数第 n 位にはじめて 0 でない数字が現れる。

SPIRAL A

281 巻末の常用対数表を用いて，次の値を求めよ。　▶️p.169例5

　*(1)　$\log_{10} 72$　　　　　　　(2)　$\log_{10} 540$

　(3)　$\log_{10} 0.06$　　　　　*(4)　$\log_{10} \sqrt{6}$

282 巻末の常用対数表を用いて，次の値を小数第 4 位まで求めよ。　▶️p.169例6

　*(1)　$\log_3 50$　　　　(2)　$\log_2 \sqrt{10}$　　　　*(3)　$\log_4 0.9$

283 次の数は何桁の数か。ただし，$\log_{10} 2 = 0.3010$，$\log_{10} 3 = 0.4771$ とする。

　*(1)　2^{40}　　　　　　　　　(2)　3^{40}　　　　▶️p.170例題4

SPIRAL B

284 $\log_{10} 2 = a$，$\log_{10} 3 = b$ とするとき，次の値を a，b で表せ。

　(1)　$\log_{10} 6$　　　　*(2)　$\log_{10} 20$　　　　(3)　$\log_{10} 90$

　*(4)　$\log_{10} \sqrt{12}$　　　*(5)　$\log_{10} 5$　　　　(6)　$\log_{10} 15$

――――――――――――――――――――常用対数の利用 [1]

例題 40 $\left(\dfrac{1}{2}\right)^{40}$ を小数で表すとき，小数第何位にはじめて 0 でない数字が現れるか。

ただし，$\log_{10} 2 = 0.3010$ とする。　▶️p.171 応用例題3

解　$\log_{10}\left(\dfrac{1}{2}\right)^{40} = -40\log_{10} 2 = -40 \times 0.3010 = -12.04$

ゆえに　$-13 < \log_{10}\left(\dfrac{1}{2}\right)^{40} < -12$

よって　$10^{-13} < \left(\dfrac{1}{2}\right)^{40} < 10^{-12}$

したがって，$\left(\dfrac{1}{2}\right)^{40}$ を小数で表すと，**小数第 13 位**にはじめて 0 でない数字が現れる。　答

285 次の数を小数で表すとき，小数第何位にはじめて 0 でない数字が現れるか。
ただし，$\log_{10}2 = 0.3010$，$\log_{10}3 = 0.4771$ とする。　▶教p.171応用例題3

*(1)　$\left(\dfrac{1}{2}\right)^{20}$ 　　　　*(2)　0.6^{20} 　　　　(3)　$(\sqrt[3]{0.24})^{10}$

286 3^n が10桁の数となるような自然数 n をすべて求めよ。ただし，
$\log_{10}3 = 0.4771$ とする。　▶教p.173章末7

SPIRAL C

指数と対数の利用

例題41　0 でない実数 x, y, z について，$2^x = 3^y = 6^z$ が成り立つとき，等式
$\dfrac{1}{x} + \dfrac{1}{y} = \dfrac{1}{z}$ を証明せよ。

考え方　$2^x = 3^y = 6^z$ の各辺について，2 を底とする対数をとり，y, z を x の式で表す。

証明　$2^x = 3^y = 6^z$ の各辺は正の数であるから，2 を底とする対数をとると
$$\log_2 2^x = \log_2 3^y = \log_2 6^z$$
$$x\log_2 2 = y\log_2 3 = z\log_2(2\times3)$$
$$x = y\log_2 3 = z(1+\log_2 3) \qquad \leftarrow \log_2(2\times3)=\log_2 2+\log_2 3$$
であるから　$y = \dfrac{x}{\log_2 3}$，$z = \dfrac{x}{1+\log_2 3}$
よって
$$\frac{1}{x}+\frac{1}{y} = \frac{1}{x}+\frac{\log_2 3}{x}$$
$$= \frac{1+\log_2 3}{x}$$
$$= \frac{1}{z} \quad 終$$

*287 $2^x = 5^y = 10^2$ のとき，$\dfrac{1}{x} + \dfrac{1}{y}$ の値を求めよ。

288 0 でない実数 a, b, c について，$2^a = 5^b = 10^c$ が成り立つとき，
$\dfrac{1}{a} + \dfrac{1}{b} - \dfrac{1}{c}$ の値を求めよ。

常用対数の利用 [2]

例題 42

$3000 < (1.35)^n < 8000$ を満たす整数 n は何個あるか。
ただし，$\log_{10} 2 = 0.3010$, $\log_{10} 3 = 0.4771$ とする。

解

$3000 < (1.35)^n < 8000$ より $3 \times 10^3 < \left(\dfrac{3^3}{2 \times 10}\right)^n < 2^3 \times 10^3$

各辺の常用対数をとると

$\log_{10} 3 + 3 < n(3\log_{10} 3 - \log_{10} 2 - 1) < 3\log_{10} 2 + 3$

$0.4771 + 3 < n(3 \times 0.4771 - 0.3010 - 1) < 3 \times 0.3010 + 3$

$3.4771 < 0.1303n < 3.9030$

ゆえに　　$26.6\cdots < n < 29.9\cdots$

よって，$n = 27, 28, 29$ の **3個**　答

289 $1.5^n > 10^{10}$ を満たす最小の正の整数 n を求めよ。
ただし，$\log_{10} 2 = 0.3010$, $\log_{10} 3 = 0.4771$ とする。

常用対数の利用 [3]

例題 43

放射性物質の炭素 14 は，一定の割合で減少して，およそ 5730 年で残量は
もとの 0.5 倍になる。今，ある物質の炭素 14 の含有量を測定したところ，
もとの量の 0.4 倍であった。この物質はおよそ何年前から減少しはじめた
ものか。ただし，$\log_{10} 2 = 0.3010$ とする。　▶國 p.173 章末8

解

もとの量を A とし，1 年ごとに A の a 倍になるとすると

$A \times a^{5730} = A \times \dfrac{1}{2}$ より $a^{5730} = \dfrac{1}{2}$ よって $a = \left(\dfrac{1}{2}\right)^{\frac{1}{5730}}$

x 年後に，もとの量の 0.4 倍になったとすると

$A \times a^x = A \times \dfrac{4}{10}$ より $a^x = \dfrac{4}{10}$ よって $\left(\dfrac{1}{2}\right)^{\frac{x}{5730}} = \dfrac{4}{10}$

この両辺の常用対数をとると $\dfrac{x}{5730}\log_{10} \dfrac{1}{2} = \log_{10} \dfrac{4}{10}$

すなわち $-\dfrac{\log_{10} 2}{5730}x = 2\log_{10} 2 - 1 = 2 \times 0.3010 - 1 = -0.3980$

ゆえに $x = \dfrac{5730}{\log_{10} 2} \times 0.3980 = \dfrac{5730}{0.3010} \times 0.3980 = 7576.5\cdots$

よって，**およそ 7577 年前**　答

290 ある微生物は一定時間ごとに 1 回分裂して 2 倍の個数に増えていく。
この微生物 1 個を観察ケースに入れた。この微生物が観察途中で死ぬこと
なく増えていくとき，観察ケース内の微生物がはじめて 1000 万個以上に
なるのは何回分裂した直後か。ただし，$\log_{10} 2 = 0.3010$ とする。

1 節　微分係数と導関数

▶教 p.176〜p.179

∴1　平均変化率と微分係数

1 平均変化率

関数 $f(x)$ の平均変化率は

・x の値が a から b まで変化するとき　$\dfrac{f(b)-f(a)}{b-a}$

・x の値が a から $a+h$ まで変化するとき　$\dfrac{f(a+h)-f(a)}{h}$

2 微分係数

関数 $y=f(x)$ の $x=a$ における微分係数 $f'(a)$ は

$$f'(a)=\lim_{h\to 0}\frac{f(a+h)-f(a)}{h}$$

$f'(a)$ は関数 $y=f(x)$ のグラフ上の点 $(a,\ f(a))$ における接線の傾きである。

SPIRAL A

291 関数 $f(x)=x^2+2x$ について，x の値が次のように変化するときの平均変化率を求めよ。 ▶教 p.177 例1

*(1)　$x=0$ から $x=1$ まで　　　(2)　$x=-1$ から $x=2$ まで

292 関数 $f(x)=2x^2-x$ について，x の値が次のように変化するときの平均変化率を求めよ。 ▶教 p.177 例2

*(1)　$x=3$ から $x=3+h$ まで　　(2)　$x=a$ から $x=a+h$ まで

293 次の極限値を求めよ。 ▶教 p.178 例3

*(1)　$\displaystyle\lim_{h\to 0}(2+4h)$　　　　(2)　$\displaystyle\lim_{h\to 0}(1-6h+2h^2)$

***294** 関数 $f(x)=-x^2+4x$ について，微分係数 $f'(-1)$，$f'(2)$ を求めよ。

▶教 p.179 例4

SPIRAL B

***295** 関数 $f(x)=ax^2+bx+1$ について，x の値が $x=0$ から $x=1$ まで変化するときの平均変化率が -3 であり，$f'(3)=7$ であるとき，定数 a，b の値を求めよ。

∴2　導関数

■1 導関数

▶國 p.180〜p.184

関数 $y = f(x)$ の導関数　$f'(x) = \lim_{h \to 0} \dfrac{f(x+h) - f(x)}{h}$

導関数 $f'(x)$ を求めることを，$f(x)$ を x について**微分する**という。

また，関数 $y = f(x)$ の導関数を表すには，$f'(x)$ のほかに

y',　$\dfrac{dy}{dx}$,　$\dfrac{d}{dx}f(x)$

などの記号も用いられる。

さらに，たとえば，関数 x^3 の導関数を $(x^3)'$ のように表すこともある。

■2 x^n の導関数

[1]　$n = 1, 2, 3, \cdots\cdots$ のとき　$(x^n)' = nx^{n-1}$　　　[2]　c が定数のとき　$(c)' = 0$

■3 定数倍および和と差の導関数

[1]　k が定数のとき　$\{kf(x)\}' = kf'(x)$

[2]　$\{f(x) + g(x)\}' = f'(x) + g'(x)$
　　　$\{f(x) - g(x)\}' = f'(x) - g'(x)$

SPIRAL A

296 次の関数の導関数を定義にしたがって求めよ。　　　　▶國 p.181 例6

*(1)　$f(x) = x^2$　　　　　　　　　(2)　$f(x) = 5$

297 次の関数を微分せよ。　　　　　　　　　　　　　　　▶國 p.183 例7

(1)　$y = 4x - 1$　　　　　　　*(2)　$y = x^2 - 2x + 2$

*(3)　$y = 3x^2 + 6x - 5$　　　　(4)　$y = x^3 - 5x^2 - 6$

(5)　$y = -2x^3 + 6x^2 + 4x$　　*(6)　$y = \dfrac{4}{3}x^3 - \dfrac{1}{2}x^2 - \dfrac{3}{2}x$

(7)　$y = 4x^3 - 5x^2 + 7$

298 次の関数を微分せよ。　　　　　　　　　　　　　　▶國 p.183 例題1

*(1)　$y = (x-1)(x-2)$　　　　(2)　$y = (2x-1)(2x+1)$

*(3)　$y = (3x+2)^2$　　　　　　*(4)　$y = x^2(x-3)$

(5)　$y = x(2x-1)^2$　　　　　(6)　$y = (x+2)^3$

299 次の問いに答えよ。　　　　　　　　　　　　　　　▶國 p.184 例8

*(1)　関数 $f(x) = -x^2 + 3x - 2$ について，微分係数 $f'(2)$，$f'(-1)$ を
　　　それぞれ求めよ。

(2)　関数 $f(x) = x^3 + 4x^2 - 2$ について，微分係数 $f'(1)$，$f'(-2)$ をそ
　　　れぞれ求めよ。

300 次の問いに答えよ。　　　　　　　　　　　　▶数p.184例9
  (1) 関数 $f(x) = x^2 + x - 2$ について，微分係数 $f'(a)$ が 5 となるような a を求めよ。
  (2) 関数 $f(x) = x^3 + 3x^2 + 4x + 5$ について，微分係数 $f'(a)$ が 1 となるような a を求めよ。

301 次の関数を，[　]内の変数で微分せよ。　　　　　▶数p.184例10
  *(1) $y = 5t^2 - 3t + 2$ $[t]$　　　　*(2) $h = a + vt - \dfrac{1}{2}gt^2$ $[t]$
  (3) $S = 4\pi r^2$ $[r]$　　　　　　　(4) $P = x^2 + xy + y^2$ $[y]$

■**SPIRAL** **B**

302 次の問いに答えよ。
  *(1) 関数 $f(x) = ax^2 + bx + 8$ が，$f(2) = 0$，$f'(0) = 2$ を満たすとき，定数 a, b の値を求めよ。
  (2) 関数 $f(x) = (x - a)^2$ が，$f(2) = 1$，$f'(2) = 2$ を満たすとき，定数 a の値を求めよ。

303 関数 $f(x) = ax^3 + bx^2 + cx + 1$ が，$f(1) = 2$，$f'(0) = 3$，$f'(1) = 1$ を満たすとき，定数 a, b, c を求めよ。

等式を満たす関数

例題 44 2次関数 $f(x)$ が次の等式を満たすとき，$f(x)$ を求めよ。
$$3f(x) = xf'(x) + x^2 + 2x - 6$$

解　$a \neq 0$ として，$f(x) = ax^2 + bx + c$ とすると　　$f'(x) = 2ax + b$
与えられた等式にこれらを代入すると
$$3(ax^2 + bx + c) = x(2ax + b) + x^2 + 2x - 6$$
式を整理すると　　$(a-1)x^2 + (2b-2)x + 3c + 6 = 0$
これは x についての恒等式であるから
$$a - 1 = 0,\ 2b - 2 = 0,\ 3c + 6 = 0$$
ゆえに　$a = 1$, $b = 1$, $c = -2$　　よって　$\boldsymbol{f(x) = x^2 + x - 2}$　答

---

*334** 2次関数 $f(x)$ が次の等式を満たすとき，$f(x)$ を求めよ。
$$f(x) + xf'(x) = 3x^2 + 2x + 1$$

❖3　接線の方程式

❶ 接線の方程式

▶國 p.185〜p.186

関数 $y = f(x)$ のグラフ上の点 $(a,\ f(a))$ における接線の方程式は
$$y - f(a) = f'(a)(x - a)$$

SPIRAL A

305 関数 $y = x^2 + 2x$ のグラフ上の次の点における接線の方程式を求めよ。

▶國 p.185 例題2

　　*(1)　$(1,\ 3)$　　　　　(2)　$(-1,\ -1)$　　　*(3)　$(0,\ 0)$

306 次の関数のグラフ上の与えられた点における接線の方程式を求めよ。

▶國 p.185 例題2

　　*(1)　$y = 2x^2 - 4,\ (1,\ -2)$　　　　(2)　$y = 2x^2 - 4x + 1,\ (0,\ 1)$
　　(3)　$y = x^3 - 3x,\ (1,\ -2)$　　　*(4)　$y = 5x - x^3,\ (2,\ 2)$

307 次の関数のグラフ上の x 座標が 1 である点における接線の方程式を求めよ。

　　(1)　$y = x^3 - 5x^2 + 8x - 1$　　　　*(2)　$y = -x^3 + 6x^2$

SPIRAL B

接線の方程式

例題 45 関数 $y = 2x^2 - 8x + 5$ のグラフについて，次の条件を満たす接線の方程式を求めよ。

(1)　傾きが 4　　　　　　　　(2)　x 軸に平行

解　$f(x) = 2x^2 - 8x + 5$ とおくと
　　　　$f'(x) = 4x - 8$
よって，接点を $\mathrm{P}(a,\ 2a^2 - 8a + 5)$ とすると，接線の方程式は
　　　　$y - (2a^2 - 8a + 5) = (4a - 8)(x - a)$
この式を整理して
　　　　$y = (4a - 8)x - 2a^2 + 5$
(1)　傾きが 4 であるから　$4a - 8 = 4$　より　$a = 3$
　　　したがって，接線の方程式は　　$\boldsymbol{y = 4x - 13}$　答
(2)　x 軸に平行となるのは，傾きが 0 のときである。
　　　すなわち　$4a - 8 = 0$　より　$a = 2$
　　　したがって，接線の方程式は　　$\boldsymbol{y = -3}$　答

308 関数 $y = x^2 - 2x$ のグラフについて，次の条件を満たす接線の方程式を求めよ。

  *(1)　原点で接する　　　(2)　傾きが -4　　　*(3)　x 軸に平行

***309** 関数 $y = -x^2 + 4x - 3$ のグラフに，点 $(3, 4)$ から引いた接線の方程式を求めよ。

  ▶ 数 p.186 応用例題1

***310** 関数 $y = x^3 + 4x^2$ のグラフ上の点 A$(-1, 3)$ について，点 A を通り，A における接線に垂直な直線の方程式を求めよ。

例題 **46** ―――――――――――――――――接線の方程式の決定

関数 $y = x^3 + kx + 3$ のグラフに直線 $y = 2x + 1$ が接するとき，定数 k の値を求めよ。

解　$f(x) = x^3 + kx + 3$ とおくと　$f'(x) = 3x^2 + k$
接点の x 座標を a とおくと
$$f(a) = a^3 + ak + 3, \quad f'(a) = 3a^2 + k$$
よって，接線の方程式は
$$y - (a^3 + ak + 3) = (3a^2 + k)(x - a)$$
これを整理すると
$$y = (3a^2 + k)x - 2a^3 + 3$$
これが直線 $y = 2x + 1$ と一致するから
$$\begin{cases} 3a^2 + k = 2 & \cdots\cdots① \\ -2a^3 + 3 = 1 & \cdots\cdots② \end{cases}$$
②より　$a^3 = 1$ であるから　$a = 1$
①に代入して
$$3 \times 1^2 + k = 2 \ \text{より} \ \boldsymbol{k = -1} \ \boxed{答}$$

***311** 関数 $y = x^3 - 2x^2 + kx + 2$ のグラフに直線 $y = 3x + 2$ が接するとき，定数 k の値を求めよ。

2節　微分法の応用

∴1　関数の増減と極大・極小

▶数 p.188〜p.194

■1 関数の増加・減少
関数 $f(x)$ について，ある区間でつねに
$f'(x) > 0$　ならば，$f(x)$ は **その区間で増加** する。
$f'(x) < 0$　ならば，$f(x)$ は **その区間で減少** する。
$f'(x) = 0$　ならば，$f(x)$ は **その区間で定数** である。

■2 関数の極大・極小
関数 $f(x)$ について $f'(a) = 0$ となる $x = a$ の前後で，$f'(x)$ の符号が
正から負に変わるとき，$f(x)$ は $x = a$ で極大値 $f(a)$ をとる。
負から正に変わるとき，$f(x)$ は $x = a$ で極小値 $f(a)$ をとる。

■3 関数の最大・最小
ある区間における関数 $f(x)$ の最大値・最小値は，その区間における極値と区間の端点
における関数の値とを比較して求めればよい。

SPIRAL A

312 次の関数の増減を調べよ。　　　　　　　　　　　　　　　▶数 p.189 例1

*(1)　$f(x) = 2x^2 - 24x$ 　　　　　　　(2)　$f(x) = -3x^2 - 12x + 5$

313 次の関数の増減を調べよ。　　　　　　　　　　　　　　▶数 p.189 例題1

(1)　$f(x) = x^3 - 3x^2 + 2$ 　　　　　*(2)　$f(x) = 2x^3 + 3x^2$

*(3)　$f(x) = -x^3 + 3x - 1$ 　　　　　(4)　$f(x) = 2x^3 - 9x^2 + 12x - 4$

314 次の関数の増減を調べ，極値を求めよ。また，そのグラフをかけ。

▶数 p.191 例題2

*(1)　$y = x^3 - 3x + 2$ 　　　　　　　(2)　$y = 2x^3 - 12x^2 + 18x - 2$

*(3)　$y = -x^3 + 3x^2 + 9x$

315 次の関数の増減を調べ，極値をもたないことを示せ。　　　▶数 p.191

*(1)　$f(x) = x^3 + 2x + 1$ 　　　　　　(2)　$f(x) = -x^3 - 3x$

316 次の関数について，（　）内の区間における最大値と最小値を求めよ。

 *(1)　$y = -2x^3 + 3x^2 + 12x - 4$　$(-2 \leqq x \leqq 3)$　　　▶國p.193例題3

 (2)　$y = x^3 - 3x^2 + 2$　$(-2 \leqq x \leqq 1)$

 *(3)　$y = -x^3 + 12x + 5$　$(-1 \leqq x \leqq 3)$

 (4)　$y = x^3 - 3x$　$(-3 \leqq x \leqq 2)$

SPIRAL **B**

*317 関数 $f(x) = 2x^3 + ax^2 - 12x + b$ が，$x = 1$ で極小値 -6 をとるような定数 a，b の値を求めよ。また，そのときの $f(x)$ の極大値を求めよ。

▶國p.192応用例題1

318 関数 $y = x^3 - 5x^2 + 3x + a$ について，区間 $1 \leqq x \leqq 4$ における最大値が 1 であるような a の値を求めよ。　　　▶國p.193例題3

*319 関数 $y = x^3 - 6x^2 + 9x + k$ について，区間 $-1 \leqq x \leqq 2$ における最小値が -20 であるとき，次の問いに答えよ。　　　▶國p.193例題3

 (1)　定数 k の値を求めよ。

 (2)　この区間における最大値を求めよ。

320 底面の直径と高さの和が 12 cm である円柱を考える。円柱の体積 V の最大値と，そのときの底面の直径 x と高さ y を求めよ。　　　▶國p.194応用例題2

SPIRAL **C**

―――――――4次関数のグラフ

例題 47

関数 $y = x^4 - 2x^2$ の増減を調べ，極値を求めよ。また，そのグラフをかけ。

▶教 p.198 思考力✚

解 $y' = 4x^3 - 4x = 4x(x+1)(x-1)$

$y' = 0$ を解くと $x = -1, 0, 1$

y の増減表は次のようになる。

x	$\cdots$	-1	$\cdots$	0	$\cdots$	1	$\cdots$
y'	$-$	0	$+$	0	$-$	0	$+$
y	$\searrow$	極小 -1	$\nearrow$	極大 0	$\searrow$	極小 -1	$\nearrow$

よって，y は $x = 0$ で **極大値 0**

$x = -1, 1$ で **極小値 -1**

をとる。

また，グラフは右の図のようになる。 **答**

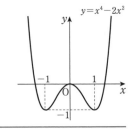

321 4次関数 $y = \dfrac{1}{4}x^4 - 2x^3 + 4x^2$ の増減を調べ，極値を求めよ。また，そのグラフをかけ。

―――――――極値をもつ条件

例題 48

次の問いに答えよ。

(1) 3次関数 $y = x^3 + 3x^2 + ax$ が極値をもつような定数 a の値の範囲を求めよ。

(2) 3次関数 $y = 3x^3 - ax^2 + x - 2$ が極値をもたないような定数 a の値の範囲を求めよ。

考え方 $f(x)$ が極値をもつ $\iff$ $f'(x) = 0$ の判別式 $D > 0$

$f(x)$ が極値をもたない $\iff$ $f'(x) = 0$ の判別式 $D \leqq 0$

解 (1) $y' = 3x^2 + 6x + a$

$y' = 0$ の判別式を D とすると $D = 6^2 - 4 \times 3 \times a = 36 - 12a$

$y' = 0$ が2つの異なる実数解をもてばよいから，$D > 0$ より

$36 - 12a > 0$ よって **$a < 3$** **答**

(2) $y' = 9x^2 - 2ax + 1$

$y' = 0$ の判別式を D とすると

$D = (-2a)^2 - 4 \times 9 \times 1 = 4a^2 - 36 = 4(a^2 - 9) = 4(a+3)(a-3)$

$y' = 0$ が2つの異なる実数解をもたなければよいから，$D \leqq 0$ より

$4(a+3)(a-3) \leqq 0$ よって **$-3 \leqq a \leqq 3$** **答**

322 3次関数 $y = x^3 + 3ax^2 - ax + 2$ が極値をもたないような定数 a の値の範囲を求めよ。

÷2 方程式・不等式への応用

▶敎 p.195〜p.198

1 方程式への応用
方程式 $f(x) = 0$ の異なる実数解の個数は，関数 $y = f(x)$ のグラフと x 軸との共有点の個数に一致する。

2 不等式への応用
ある区間において，関数 $y = f(x)$ の最小値が 0 以上であるとき，その区間で $f(x) \geqq 0$ が成り立つ。このことを利用して，不等式を証明することもできる。

SPIRAL A

323 次の方程式の異なる実数解の個数を求めよ。　▶敎 p.195 例題4

*(1) $x^3 - 3x + 5 = 0$ 　　　　(2) $x^3 + 3x^2 - 4 = 0$

(3) $2x^3 - 3x^2 - 12x - 3 = 0$ 　*(4) $x^3 + 3x^2 - 9x - 2 = 0$

SPIRAL B

324 3次方程式 $2x^3 + 3x^2 + 1 - a = 0$ の異なる実数解の個数は，定数 a の値によってどのように変わるか。　▶敎 p.196 応用例題3

*325 3次方程式 $x^3 - 6x + a = 0$ が，異なる3つの実数解をもつような定数 a の値の範囲を求めよ。　▶敎 p.196 応用例題3

*326 $x \geqq 0$ のとき，不等式 $x^3 + 4 \geqq 3x^2$ を証明せよ。また，等号が成り立つときの x の値を求めよ。　▶敎 p.197 応用例題4

*327 $x \geqq 1$ のとき，不等式 $2x^3 + 5 > 6x$ を証明せよ。　▶敎 p.197 応用例題4

SPIRAL **C**

不等式の成立条件

例題 49　$x \geqq 0$ のとき，不等式 $x^3 - 2ax^2 - 4a^2x + 1 \geqq 0$ がつねに成り立つような正の実数 a の値の範囲を求めよ。

解　　$f(x) = x^3 - 2ax^2 - 4a^2x + 1$ とおくと
$f'(x) = 3x^2 - 4ax - 4a^2 = (x - 2a)(3x + 2a)$
$f'(x) = 0$ を解くと　$x = 2a, \ -\dfrac{3}{2}a$

$a > 0$ より，区間 $x \geqq 0$ における $f(x)$ の増減表は，右のようになる。

x	0	$\cdots$	$2a$	$\cdots$
$f'(x)$		$-$	0	$+$
$f(x)$	1	↘	極小 $1 - 8a^3$	↗

不等式が成り立つには $1 - 8a^3 \geqq 0$ であればよい。
$8a^3 - 1 \leqq 0$ すなわち　$(2a - 1)(4a^2 + 2a + 1) \leqq 0$
ここで，$4a^2 + 2a + 1 > 0$ より　$a \leqq \dfrac{1}{2}$
したがって，$a > 0$ より　　$0 < a \leqq \dfrac{1}{2}$ 答

328　$x \geqq 0$ のとき，不等式 $x^3 - 3a^2x + 16 \geqq 0$ がつねに成り立つような正の実数 a の値の範囲を求めよ。

329　3次方程式 $\dfrac{1}{3}x^3 - b^2x + b = 0$ が，異なる3つの実数解をもつような定数 b の値の範囲を求めよ。

3次方程式の実数解の個数

例題 50　3次方程式 $x^3 - 3x^2 - 9x - a = 0$ が，相異なる2つの正の解と1つの負の解をもつような定数 a の値の範囲を求めよ。　　▶教 p.220章末9

解　　与えられた方程式を
$x^3 - 3x^2 - 9x = a$ ……①
と変形し，$f(x) = x^3 - 3x^2 - 9x$ とおくと
$f'(x) = 3x^2 - 6x - 9 = 3(x + 1)(x - 3)$
$f'(x) = 0$ を解くと　　$x = -1, \ 3$
$f(x)$ の増減表は右のようになる。

x	$\cdots$	-1	$\cdots$	3	$\cdots$
$f'(x)$	$+$	0	$-$	0	$+$
$f(x)$	↗	5	↘	-27	↗

ゆえに，$y = f(x)$ のグラフは右の図のようになる。 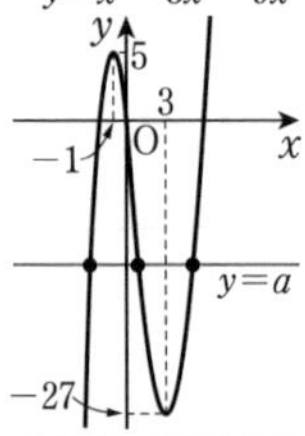
方程式①の実数解は，このグラフと直線 $y = a$ との共有点の x 座標と一致する。
よって，方程式①が正の解2つと負の解1つをもつためには，このグラフと直線 $y = a$ が $x > 0$ の範囲で2点で交わり，かつ $x < 0$ の範囲で1点で交わればよいから
$-27 < a < 0$ 答

$y = x^3 - 3x^2 - 9x$

330　3次方程式 $2x^3 - 3x^2 - 36x - a = 0$ が，1つの正の解と相異なる2つの負の解をもつような定数 a の値の範囲を求めよ。

3節 積分法

❖1 不定積分

▶教p.200〜p.203

❶ 不定積分
$F'(x) = f(x)$ のとき
$$\int f(x)\,dx = F(x) + C \qquad C は積分定数$$

❷ x^n の不定積分
$n = 0,\ 1,\ 2,\ \cdots\cdots$ のとき
$$\int x^n\,dx = \frac{1}{n+1}x^{n+1} + C \qquad C は積分定数$$

❸ 不定積分の公式
[1] $\int kf(x)\,dx = k\int f(x)\,dx$ ただし，k は定数

[2] $\int\{f(x) + g(x)\}\,dx = \int f(x)\,dx + \int g(x)\,dx$

[3] $\int\{f(x) - g(x)\}\,dx = \int f(x)\,dx - \int g(x)\,dx$

SPIRAL A

331 次の不定積分を求めよ。 ▶教p.202 例2

(1) $\int(-2)\,dx$ *(2) $\int 2x\,dx$

(3) $3\int x^2\,dx + \int x\,dx$ *(4) $2\int x^2\,dx - 3\int dx$

(5) $\int(2x-1)\,dx$ *(6) $\int 3(x-1)\,dx$

(7) $\int(x^2+3x)\,dx$ (8) $\int 2(-x^2+3x-2)\,dx$

*(9) $\int(1-x-x^2)\,dx$ (10) $\int\left(3x^2 - \frac{2}{3}x + 1\right)dx$

332 次の不定積分を求めよ。 ▶教p.203 例題1

(1) $\int(x-2)(x+1)\,dx$ *(2) $\int x(3x-1)\,dx$

(3) $\int(x+1)^2\,dx$ *(4) $\int(2x+1)(3x-2)\,dx$

333 次の条件を満たす関数 $F(x)$ を求めよ。 ▶教p.203例題2

*(1) $F'(x) = 4x + 2$, $F(0) = 1$

(2) $F'(x) = -3x^2 + 2x - 1$, $F(1) = -1$

334 次の不定積分を求めよ。 ▶教p.203例3

*(1) $\int(t-2)\,dt$

(2) $\int(9t^2 - 2t)\,dt$

(3) $\int(3y^2 - 2y - 1)\,dy$

*(4) $\int(-9u^2 - 5u + 2)\,du$

SPIRAL B

*335 関数 $y = f(x)$ のグラフは，点 $(1, 0)$ を通り，そのグラフ上の各点 (x, y) における接線の傾きは $3x^2 - 4$ に等しいという。この関数 $f(x)$ を求めよ。

—不定積分と関数の決定

例題 51 次の条件(i), (ii)を満たす関数 $f(x)$ を求めよ。

(i) 関数 $f(x)$ の極大値は 0

(ii) 導関数 $f'(x)$ は，$f'(x) = (3x + 4)(2 - x)$

解 積分定数を C とする。

$$f(x) = \int(3x+4)(2-x)\,dx = \int(-3x^2 + 2x + 8)\,dx$$
$$= -x^3 + x^2 + 8x + C$$

極値をとるから，$f'(x) = 0$ を解くと $(3x+4)(2-x) = 0$ より $x = -\dfrac{4}{3}, 2$

$f(x)$ の増減表は次のようになる。

x	$\cdots$	$-\dfrac{4}{3}$	$\cdots$	2	$\cdots$
$f'(x)$	$-$	0	$+$	0	$-$
$f(x)$	$\searrow$	$-\dfrac{176}{27}+C$	$\nearrow$	$12+C$	$\searrow$

$x = 2$ のとき極大値 0 をとるから $12 + C = 0$

ゆえに $C = -12$

よって $f(x) = -x^3 + x^2 + 8x - 12$ 答

*336 次の条件(i), (ii)を満たす関数 $f(x)$ を求めよ。

(i) 関数 $f(x)$ の極大値は 1

(ii) 導関数 $f'(x)$ は，$f'(x) = (3x + 2)(x + 1)$

❖2 定積分

▶教 p.204〜p.209, p.217

1 定積分

$F'(x) = f(x)$ のとき

$$\int_a^b f(x)\,dx = \Big[F(x)\Big]_a^b = F(b) - F(a)$$

2 定積分の公式

[1] $\displaystyle\int_a^b kf(x)\,dx = k\int_a^b f(x)\,dx$ 　　　ただし，k は定数

[2] $\displaystyle\int_a^b \{f(x) + g(x)\}\,dx = \int_a^b f(x)\,dx + \int_a^b g(x)\,dx$

[3] $\displaystyle\int_a^b \{f(x) - g(x)\}\,dx = \int_a^b f(x)\,dx - \int_a^b g(x)\,dx$

3 定積分の性質

[1] $\displaystyle\int_a^a f(x)\,dx = 0$

[2] $\displaystyle\int_b^a f(x)\,dx = -\int_a^b f(x)\,dx$

[3] $\displaystyle\int_a^b f(x)\,dx = \int_a^c f(x)\,dx + \int_c^b f(x)\,dx$

4 定積分と微分

$$\frac{d}{dx}\int_a^x f(t)\,dt = f(x) \qquad ただし，a は定数$$

第5章 微分法と積分法

SPIRAL A

337 次の定積分を求めよ。　　　　　　　　　　　　　▶教 p.205 例4

*(1) $\displaystyle\int_{-1}^2 3x^2\,dx$ 　　　　(2) $\displaystyle\int_{-2}^2 2x\,dx$ 　　　*(3) $\displaystyle\int_{-1}^3 3\,dx$

338 次の定積分を求めよ。　　　　　　　　　　　　　▶教 p.205 例題3

(1) $\displaystyle\int_{-1}^2 (4x+1)\,dx$ 　　　　　*(2) $\displaystyle\int_{-1}^1 (x^2 - 2x - 3)\,dx$

(3) $\displaystyle\int_0^3 (3x^2 - 6x + 7)\,dx$ 　　　*(4) $\displaystyle\int_1^4 (x-2)^2\,dx$

*(5) $\displaystyle\int_1^4 (x-2)(x-4)\,dx$

339 次の定積分を求めよ。　　　　　　　　　　　　　▶教 p.206 例5

*(1) $\displaystyle\int_1^2 (3x^2 - 2x + 5)\,dx$ 　　　(2) $\displaystyle\int_{-2}^1 (-x^2 + 4x - 2)\,dx$

340 次の定積分を求めよ。　　　　　　　　　　　　　　　　　　　▶教 p.206 例6

*(1) $\displaystyle\int_0^2 (3x+1)\,dx - \int_0^2 (3x-1)\,dx$

(2) $\displaystyle\int_0^1 (2x^2 - 5x + 3)\,dx - \int_0^1 (2x^2 + 5x + 3)\,dx$

*(3) $\displaystyle\int_1^3 (3x+5)^2\,dx - \int_1^3 (3x-5)^2\,dx$

(4) $\displaystyle\int_0^4 (4x^2 - x + 2)\,dx - \int_0^4 (4x^2 + x + 3)\,dx$

341 次の定積分を求めよ。　　　　　　　　　　　　　　　　　　　▶教 p.207 例7

(1) $\displaystyle\int_1^1 (4x^2 + x - 3)\,dx$

*(2) $\displaystyle\int_{-1}^0 (x^2 + 1)\,dx + \int_0^2 (x^2 + 1)\,dx$

(3) $\displaystyle\int_0^1 (x^2 - x + 1)\,dx + \int_1^2 (x^2 - x + 1)\,dx$

*(4) $\displaystyle\int_{-3}^{-1} (x^2 + 2x)\,dx - \int_1^{-1} (x^2 + 2x)\,dx$

342 次の定積分を求めよ。　　　　　　　　　　　　　　　　　　　▶教 p.207 例8

(1) $\displaystyle\int_{-1}^2 (3t^2 - 2t)\,dt$　　*(2) $\displaystyle\int_{-2}^0 (4 - 2s^2)\,ds$　　(3) $\displaystyle\int_{-a}^a (3y^2 + 4y - 1)\,dy$

343 次の計算をせよ。　　　　　　　　　　　　　　　　　　　　　▶教 p.208 例9

*(1) $\displaystyle\frac{d}{dx}\int_2^x (t^2 + 3t + 1)\,dt$　　　　　　(2) $\displaystyle\frac{d}{dx}\int_x^{-1} (2t-1)^2\,dt$

SPIRAL　B

344 次の等式を満たす関数 $f(x)$ と定数 a の値を求めよ。　　▶教 p.209 応用例題1

*(1) $\displaystyle\int_1^x f(t)\,dt = x^2 - 3x - a$　　(2) $\displaystyle\int_a^x f(t)\,dt = 2x^2 + 3x - 5$

SPIRAL **C**

例題
52
等式 $f(x) = 2x^2 + 1 + 2\int_0^1 f(t)\,dt$ が，任意の x に対して成り立つとき，

関数 $f(x)$ を求めよ。 ▶國 p.220章末11

解　$\int_0^1 f(t)\,dt$ は定数であるから，$\int_0^1 f(t)\,dt = a$ とおくと

$\quad f(x) = 2x^2 + 1 + 2a$

ゆえに

$\quad \int_0^1 (2t^2 + 1 + 2a)\,dt = a$

ここで $\int_0^1 (2t^2+1+2a)\,dt = \left[\dfrac{2}{3}t^3 + t + 2at\right]_0^1 = \dfrac{2}{3} + 1 + 2a = \dfrac{5}{3} + 2a$

よって $\dfrac{5}{3} + 2a = a$

これを解いて $a = -\dfrac{5}{3}$

したがって $f(x) = 2x^2 + 1 - \dfrac{10}{3} = 2x^2 - \dfrac{7}{3}$

すなわち **$f(x) = 2x^2 - \dfrac{7}{3}$** 答

345 次の等式が任意の x に対して成り立つとき，関数 $f(x)$ を求めよ。

(1) $f(x) = x + \int_0^3 f(t)\,dt$　　　　(2) $f(x) = 3x^2 - 2x + \int_0^2 f(t)\,dt$

346 次の関数 $f(x)$ の極値を求めよ。

$\quad f(x) = \int_0^x (t^2 - 4t + 3)\,dt$

347 $\int_\alpha^\beta (x-\alpha)(x-\beta)\,dx = -\dfrac{1}{6}(\beta-\alpha)^3$ を用いて，次の定積分を求めよ。

▶國 p.217思考力➕

(1) $\int_1^2 (x-1)(x-2)\,dx$　　　　(2) $\int_{-1}^4 (x+1)(x-4)\,dx$

(3) $\int_{2-\sqrt3}^{2+\sqrt3} (x-2+\sqrt3)(x-2-\sqrt3)\,dx$　(4) $\int_{-\frac{2}{3}}^1 (3x+2)(x-1)\,dx$

÷3 定積分と面積

❶ 定積分と面積

▶ 数 p.210〜p.218

曲線 $y = f(x)$ と x 軸および 2 直線 $x = a$, $x = b$ で囲まれた部分の面積 S

(1) 区間 $a \leq x \leq b$ で $f(x) \geq 0$ のとき

$$S = \int_a^b f(x)\,dx$$

(2) 区間 $a \leq x \leq b$ で $f(x) \leq 0$ のとき

$$S = -\int_a^b f(x)\,dx$$

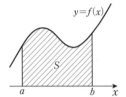
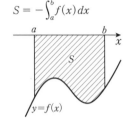

❷ 2曲線間の面積

区間 $a \leq x \leq b$ で，$f(x) \geq g(x)$ のとき，

2 曲線 $y = f(x)$, $y = g(x)$ と 2 直線 $x = a$, $x = b$ で囲まれた部分の面積 S は

$$S = \int_a^b \{f(x) - g(x)\}\,dx$$

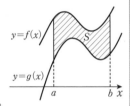

❸ 放物線と x 軸で囲まれた部分の面積（思考力➕）

定積分について，次の等式が成り立つことを利用するとよい。

$$\int_\alpha^\beta (x - \alpha)(x - \beta)\,dx = -\frac{1}{6}(\beta - \alpha)^3$$

SPIRAL A

348 次の放物線と直線で囲まれた部分の面積 S を求めよ。　▶ 数 p.211 例10

*(1) $y = 3x^2 + 1$, x 軸, $x = -1$, $x = 2$

(2) $y = -x^2 + 4x$, x 軸, $x = 1$, $x = 3$

*(3) $y = x^2 - x$, x 軸, $x = -2$, $x = -1$

349 次の放物線と x 軸で囲まれた部分の面積 S を求めよ。　▶ 数 p.212 例題4

*(1) $y = x^2 - 3x$

(2) $y = \frac{1}{2}x^2 + 2x$

(3) $y = 3x^2 - 6$

*(4) $y = x^2 - 4x + 3$

350 次の 2 つの放物線と 2 つの直線で囲まれた部分の面積 S を求めよ。

*(1) $y = 2x^2$, $y = x^2 + 9$, $x = -2$, $x = 1$　▶ 数 p.214 例11

(2) $y = x^2 - 6x + 4$, $y = -x^2 + 4x - 4$, $x = 2$, $x = 3$

351 次の放物線と直線で囲まれた部分の面積Sを求めよ。　　▶國p.214例題5

(1)　$y = x^2 - 2x - 1$,　$y = x - 1$　*(2)　$y = -x^2 - x + 4$,　$y = -3x + 1$

SPIRAL B

352 次のそれぞれの図について, 2つの部分の面積の和Sを求めよ。

▶國p.218例題1

(1)　放物線 $y = x^2 - 4$ と x 軸
　　および直線 $x = 3$ で囲まれ
　　た2つの部分

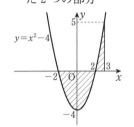

*(2)　放物線 $y = x^2 - 6x + 8$ と x 軸
　　および直線 $x = 1$ で囲まれた
　　2つの部分

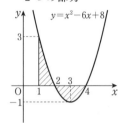

定積分と面積の利用

例題 53 放物線 $y = -x^2 + ax$ と x 軸で囲まれた部分の面積が $\dfrac{4}{3}$ になるような
定数 a の値を求めよ。ただし, $a > 0$ とする。

解　放物線 $y = -x^2 + ax$ と x 軸の共有点の x 座標は　$-x^2 + ax = 0$ より　$x = 0$, a
区間 $0 \leqq x \leqq a$ で $-x^2 + ax \geqq 0$ より, 放物線と x 軸で囲まれた部分の面積 S は

$$S = \int_0^a (-x^2 + ax)\,dx = \left[-\frac{1}{3}x^3 + \frac{a}{2}x^2\right]_0^a = -\frac{a^3}{3} + \frac{a^3}{2} = \frac{a^3}{6}$$

ゆえに　$\dfrac{a^3}{6} = \dfrac{4}{3}$ より　$a^3 = 8$　よって　**$a = 2$** 答

*353　放物線 $y = x^2 - 2ax$ と x 軸で囲まれた部分の面積が $\dfrac{9}{16}$ となるような,
定数 a の値を求めよ。ただし, $a > 0$ とする。

354 次の問いに答えよ。

(1)　放物線 $y = x^2$ のグラフ上の点 $(2, 4)$ における接線の方程式を求めよ。

(2)　放物線 $y = x^2$ と x 軸および(1)で求めた接線で囲まれた部分の面積
　　S を求めよ。

*355 放物線 $y = x^2 - 2x - 3$ において，次の問いに答えよ。
  (1)　放物線と x 軸の共有点における 2 つの接線の方程式を求めよ。
  (2)　放物線と(1)で求めた 2 つの接線で囲まれた部分の面積 S を求めよ。

356 次の 2 つの放物線で囲まれた部分の面積 S を求めよ。
  (1)　$y = 2x^2,\ y = x^2 + 1$　 (2)　$y = x^2 - 4x + 2,\ y = -x^2 + 2x - 2$

SPIRAL C

357 $y = x(x + 3)(x - 1)$ のグラフと x 軸で囲まれた 2 つの部分の面積の和 S を求めよ。

例題 **54** ────────────────────────曲線と接線で囲まれた部分の面積
関数 $y = x^3 - 2x + 5$ のグラフと，このグラフの接線 $y = x + 3$ で囲まれた部分の面積 S を求めよ。

解　関数 $y = x^3 - 2x + 5$ のグラフと，接線 $y = x + 3$ の共有点の x 座標は，方程式
  $x^3 - 2x + 5 = x + 3$
　すなわち　$x^3 - 3x + 2 = 0$　　の解である。
　因数分解して $(x - 1)^2(x + 2) = 0$ より　$x = -2,\ 1$
　グラフは右の図のようになるから

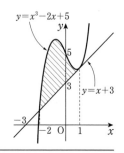

$$S = \int_{-2}^{1} \{(x^3 - 2x + 5) - (x + 3)\}\, dx$$
$$= \int_{-2}^{1} (x^3 - 3x + 2)\, dx$$
$$= \left[\frac{1}{4}x^4 - \frac{3}{2}x^2 + 2x \right]_{-2}^{1}$$
$$= \left(\frac{1}{4} - \frac{3}{2} + 2 \right) - (4 - 6 - 4) = \frac{27}{4} \quad \text{答}$$

---

358 曲線 $y = x^3 - 3x^2 + 3x - 1$ と，この曲線上の点 $(0, -1)$ における接線で囲まれた部分の面積 S を求めよ。

359 次の定積分を求めよ。
▶教 p.216 思考力✚例題1
  (1)　$\displaystyle\int_{0}^{4} |x - 3|\, dx$　 (2)　$\displaystyle\int_{0}^{3} |2x - 3|\, dx$

絶対値を含む関数の定積分

| 例題 55 | 定積分 $\displaystyle\int_{-2}^{2} |x^2 - 2x - 3| \, dx$ を求めよ。 | ▶数 p.220 章末12 |

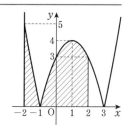

解 $x^2 - 2x - 3 = (x+1)(x-3)$ より

$x^2 - 2x - 3 \geqq 0$ すなわち $x \leqq -1,\ 3 \leqq x$ のとき

$\quad |x^2 - 2x - 3| = x^2 - 2x - 3$

$x^2 - 2x - 3 \leqq 0$ すなわち $-1 \leqq x \leqq 3$ のとき

$\quad |x^2 - 2x - 3| = -(x^2 - 2x - 3) = -x^2 + 2x + 3$

よって，求める定積分は

$\displaystyle\int_{-2}^{2} |x^2 - 2x - 3| \, dx$

$\displaystyle = \int_{-2}^{-1} |x^2 - 2x - 3| \, dx + \int_{-1}^{2} |x^2 - 2x - 3| \, dx$

$\displaystyle = \int_{-2}^{-1} (x^2 - 2x - 3) \, dx + \int_{-1}^{2} (-x^2 + 2x + 3) \, dx$

$\displaystyle = \left[\frac{1}{3}x^3 - x^2 - 3x\right]_{-2}^{-1} + \left[-\frac{1}{3}x^3 + x^2 + 3x\right]_{-1}^{2}$

$\displaystyle = \left(-\frac{1}{3} - 1 + 3\right) - \left(-\frac{8}{3} - 4 + 6\right) + \left(-\frac{8}{3} + 4 + 6\right) - \left(\frac{1}{3} + 1 - 3\right) = \frac{34}{3}$ 答

360 次の定積分を求めよ。

(1) $\displaystyle\int_{0}^{3} |x^2 - 4| \, dx$　　　　　(2) $\displaystyle\int_{-2}^{1} |x^2 - x - 2| \, dx$

361 $\displaystyle\int_{\alpha}^{\beta} (x - \alpha)(x - \beta) \, dx = -\frac{1}{6}(\beta - \alpha)^3$ を用いて，次の放物線と x 軸で囲まれた部分の面積 S を求めよ。　▶数 p.217 思考力✚

(1) $y = -x^2 + x + 2$　　　　　(2) $y = x^2 - 2x - 1$

362 放物線 $y = x^2 - 2x$ と x 軸で囲まれた部分の面積を S_1，この放物線の $x \geqq 2$ の部分と x 軸および直線 $x = a$ で囲まれた部分の面積を S_2 とする。このとき，$S_1 = S_2$ となる定数 a の値を求めよ。ただし，$a > 2$ とする。

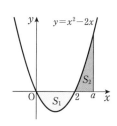

解答

1 (1) $x^3+12x^2+48x+64$
(2) $x^3-15x^2+75x-125$
(3) $8x^3+36x^2+54x+27$
(4) $27x^3-27x^2+9x-1$
(5) $27x^3+54x^2y+36xy^2+8y^3$
(6) $-x^3+6x^2y-12xy^2+8y^3$

2 (1) x^3+64 (2) x^3-8
(3) $27x^3+8y^3$ (4) $8x^3-125y^3$
(5) a^3-27b^3 (6) $64a^3+27b^3$

3 (1) $(x-3)(x^2+3x+9)$
(2) $(x+2y)(x^2-2xy+4y^2)$
(3) $(2x+5)(4x^2-10x+25)$
(4) $(4x-5y)(16x^2+20xy+25y^2)$
(5) $(4a+1)(16a^2-4a+1)$
(6) $(1-a)(a^2+a+1)$

4 (1) $27x^3-9x^2+x-\dfrac{1}{27}$
(2) $a^3+3a^2b+3ab^2+b^3+3a^2+6ab+3b^2$
$+3a+3b+1$

5 (1) $x^3-\dfrac{1}{8}$ (2) a^6-16a^3+64
(3) a^6-64b^6

6 (1) $3(x+2y)(x^2-2xy+4y^2)$
(2) $a(3x-1)(9x^2+3x+1)$
(3) $\left(a-\dfrac{1}{2}b\right)\left(a^2+\dfrac{1}{2}ab+\dfrac{1}{4}b^2\right)$
(4) $\left(x-\dfrac{2}{3}\right)\left(x^2+\dfrac{2}{3}x+\dfrac{4}{9}\right)$
(5) $(x-y+3)(x^2-2xy+y^2-3x+3y+9)$
(6) $(2x-1)(4x^2+8x+7)$

7 (1) $(x+2y)(x^2-3xy+4y^2)$
(2) $(a-3b)(a^2-ab+9b^2)$

8 (1) $(x+1)(x-3)(x^2-x+1)(x^2+3x+9)$
(2) $(a+b)(a-b)(a^2-ab+b^2)(a^2+ab+b^2)$

9 (1) $a^4+12a^3+54a^2+108a+81$

(2) $x^7+7x^6y+21x^5y^2+35x^4y^3$
$+35x^3y^4+21x^2y^5+7xy^6+y^7$

10 (1) $a^5+15a^4b+90a^3b^2$
$+270a^2b^3+405ab^4+243b^5$
(2) $x^6-12x^5+60x^4-160x^3+240x^2-192x+64$
(3) $32x^5-80x^4y+80x^3y^2-40x^2y^3+10xy^4-y^5$
(4) $81x^4-216x^3y+216x^2y^2-96xy^3+16y^4$

11 (1) 720 (2) 2160
(3) 84 (4) -56

12 $x^6+6x^4+15x^2+20+\dfrac{15}{x^2}+\dfrac{6}{x^4}+\dfrac{1}{x^6}$

13 (1) 二項定理
$(a+b)^n={}_nC_0a^n+{}_nC_1a^{n-1}b+{}_nC_2a^{n-2}b^2$
$+\cdots\cdots+{}_nC_nb^n$
において，$a=1$，$b=3$ とおくと
$(1+3)^n={}_nC_0\cdot1^n+{}_nC_1\cdot1^{n-1}\cdot3$
$+{}_nC_2\cdot1^{n-2}\cdot3^2+\cdots\cdots+{}_nC_n\cdot3^n$
よって
${}_nC_0+3{}_nC_1+3^2{}_nC_2+\cdots\cdots+3^n{}_nC_n=4^n$
(2) 二項定理
$(a+b)^n={}_nC_0a^n+{}_nC_1a^{n-1}b+{}_nC_2a^{n-2}b^2$
$+\cdots\cdots+{}_nC_nb^n$
において，$a=1$，$b=-\dfrac{1}{2}$ とおくと
$\left(1-\dfrac{1}{2}\right)^n={}_nC_0\cdot1^n+{}_nC_1\cdot1^{n-1}\cdot\left(-\dfrac{1}{2}\right)$
$+{}_nC_2\cdot1^{n-2}\cdot\left(-\dfrac{1}{2}\right)^2+\cdots\cdots+{}_nC_n\cdot\left(-\dfrac{1}{2}\right)^n$
よって
${}_nC_0-\dfrac{{}_nC_1}{2}+\dfrac{{}_nC_2}{2^2}-\cdots\cdots+(-1)^n\cdot\dfrac{{}_nC_n}{2^n}=\left(\dfrac{1}{2}\right)^n$
(3) 二項定理
$(a+b)^{2n}={}_{2n}C_0a^{2n}+{}_{2n}C_1a^{2n-1}b$
$+{}_{2n}C_2a^{2n-2}b^2+{}_{2n}C_3a^{2n-3}b^3$
$+\cdots\cdots+{}_{2n}C_{2n-1}ab^{2n-1}+{}_{2n}C_{2n}b^{2n}$
において，$a=1$，$b=-1$ とおくと
$(1-1)^{2n}={}_{2n}C_0\cdot1^{2n}+{}_{2n}C_1\cdot1^{2n-1}\cdot(-1)$
$+{}_{2n}C_2\cdot1^{2n-2}\cdot(-1)^2+{}_{2n}C_3\cdot1^{2n-3}\cdot(-1)^3$
$+\cdots\cdots+{}_{2n}C_{2n-1}\cdot1\cdot(-1)^{2n-1}+{}_{2n}C_{2n}\cdot(-1)^{2n}$
よって

$$0 = {}_{2n}C_0 - {}_{2n}C_1 + {}_{2n}C_2 - {}_{2n}C_3$$
$$+ \cdots\cdots - {}_{2n}C_{2n-1} + {}_{2n}C_{2n}$$
ゆえに
$${}_{2n}C_0 + {}_{2n}C_2 + \cdots\cdots + {}_{2n}C_{2n}$$
$$= {}_{2n}C_1 + {}_{2n}C_3 + \cdots\cdots + {}_{2n}C_{2n-1}$$

14 (1) 60 (2) -192

15 (1) 商は $2x-1$, 余りは -3
(2) 商は $x+1$, 余りは -7
(3) 商は x^2-x+2, 余りは 5
(4) 商は x^2-2x+1, 余りは 0
(5) 商は $2x^2+x+1$, 余りは 3

16 (1) 商は $3x+4$, 余りは $15x+7$
(2) 商は $2x-3$, 余りは $-8x+6$
(3) 商は $x-2$, 余りは $3x+1$
(4) 商は $2x+3$, 余りは $-4x$

17 (1) x^3+5x^2+3x-4
(2) x^3-2x^2-5x-1

18 (1) $x+2$ (2) x^2-x+2
(3) $3x+2$ (4) x^2+x+2

19 $2x^3-x^2-17x+11$

20 x^4+x^2-3x+2

21 (1) 商は $x-3y$, 余りは 0
(2) 商は $x+y$, 余りは $2y^2$
(3) 商は $x^2+2yx-2y^2$, 余りは y^3
(4) 商は $x-y$, 余りは 0
(5) 商は $x+2y$, 余りは $-y^3$

22 $a=3$, $b=-4$

23 (1) $\dfrac{3x}{4y^2}$ (2) $\dfrac{7y^2}{5x^2}$ (3) $\dfrac{3}{x+2}$
(4) $\dfrac{x+2}{x-1}$ (5) $\dfrac{x-3}{2x-1}$ (6) $\dfrac{x-3}{3x+2}$

24 (1) $\dfrac{1}{4(x+1)}$ (2) $\dfrac{1}{x(x-2)}$
(3) $\dfrac{x(x+3)}{2}$ (4) $\dfrac{(x-1)(x-2)}{(x+1)(x^2+x+1)}$

25 (1) 2 (2) -1
(3) $\dfrac{x}{x-3}$ (4) $\dfrac{x-3}{3x-1}$

26 (1) $\dfrac{8x}{(x+3)(x-5)}$ (2) $\dfrac{2x-1}{(x-2)(x+1)}$

27 (1) $\dfrac{2}{x(x+2)}$ (2) $\dfrac{1}{(x-2)(x-5)}$
(3) $\dfrac{2(x-4)}{(x-3)(x-7)}$ (4) $\dfrac{2}{(x+2)(x+1)}$

28 (1) $x-4$ (2) $\dfrac{x+3}{x-1}$ (3) $x+2$

29 $x^2+\dfrac{1}{x^2}=3$, $x^3+\dfrac{1}{x^3}=2\sqrt{5}$

30 (1) 実部は 3, 虚部は 7
(2) 実部は -2, 虚部は -1
(3) 実部は 0, 虚部は -6
(4) 実部は $1+\sqrt{2}$, 虚部は 0
純虚数は (3)

31 (1) $x=-4$, $y=1$
(2) $x=4$, $y=-2$
(3) $x=-2$, $y=3$
(4) $x=-8$, $y=-4$

32 (1) $5+7i$ (2) $1-i$
(3) $-1-i$ (4) $-4+9i$

33 (1) $-10+11i$ (2) $11+7i$
(3) $-13i$ (4) $-8+6i$
(5) $-2i$ (6) 25

34 (1) $3-i$ (2) $2i$
(3) -6 (4) $\dfrac{-1-\sqrt{5}\,i}{2}$

35 (1) $\dfrac{7}{13}+\dfrac{4}{13}i$ (2) $-\dfrac{1}{5}+\dfrac{8}{5}i$
(3) $-i$ (4) $\dfrac{6}{5}-\dfrac{2}{5}i$
(5) $-1+i$ (6) $-\dfrac{1}{5}-\dfrac{2}{5}i$

第1章 解答

36 (1) $\sqrt{7}\,i$　(2) $5i$　(3) $\pm 8i$

37 (1) $-\sqrt{6}$　(2) $-2+2\sqrt{3}\,i$
(3) $-\dfrac{\sqrt{3}}{2}i$　　(4) $5i$

38 (1) $x=\pm\sqrt{2}\,i$　(2) $x=\pm 4i$
(3) $x=\pm\dfrac{1}{3}i$　　(4) $x=\pm\dfrac{3}{2}i$

39 (1) $-11-2i$　(2) $\dfrac{1}{2}-\dfrac{1}{2}i$
(3) $\dfrac{3}{2}+\dfrac{1}{2}i$　　(4) $-i$

40 (1) $x=\dfrac{-5\pm\sqrt{17}}{4}$　(2) $x=2\pm\sqrt{3}$
(3) $x=-\dfrac{2}{3}$　　(4) $x=\dfrac{2\pm\sqrt{6}\,i}{2}$
(5) $x=\dfrac{1\pm\sqrt{3}\,i}{2}$　　(6) $x=1,\ -\dfrac{1}{3}$
(7) $x=\dfrac{-\sqrt{3}\pm\sqrt{7}\,i}{2}$　(8) $x=\pm\dfrac{\sqrt{14}}{2}i$

41 (1) 異なる 2 つの実数解
(2) 異なる 2 つの虚数解
(3) 重解
(4) 異なる 2 つの実数解
(5) 重解
(6) 異なる 2 つの虚数解

42 (1) 和 $\alpha+\beta=\dfrac{5}{2}$　積 $\alpha\beta=\dfrac{3}{2}$
(2) 和 $\alpha+\beta=1$　積 $\alpha\beta=-1$
(3) 和 $\alpha+\beta=\dfrac{1}{2}$　積 $\alpha\beta=\dfrac{2}{3}$
(4) 和 $\alpha+\beta=-\dfrac{2}{3}$　積 $\alpha\beta=0$

43 (1) $\dfrac{17}{2}$　(2) $\dfrac{25}{4}$
(3) $-\dfrac{19}{8}$　　(4) $\dfrac{25}{8}$

44 $m=16$, 2 つの解は $-2,\ -8$

45 (1) $2\left(x-\dfrac{2+\sqrt{6}}{2}\right)\left(x-\dfrac{2-\sqrt{6}}{2}\right)$

(2) $\left(x-\dfrac{1+\sqrt{3}\,i}{2}\right)\left(x-\dfrac{1-\sqrt{3}\,i}{2}\right)$
(3) $3\left(x-\dfrac{3+\sqrt{6}\,i}{3}\right)\left(x-\dfrac{3-\sqrt{6}\,i}{3}\right)$
(4) $(x+2i)(x-2i)$

46 (1) $x^2+x-12=0$　(2) $x^2-4x-1=0$
(3) $x^2-2x+17=0$

47 (1) $x^2-x-4=0$　(2) $2x^2-3x-18=0$
(3) $8x^2+13x-8=0$

48 (1) $m<1,\ 5<m$　(2) $1<m<5$

49 (1) $m\leqq-1,\ 2\leqq m$　(2) $-1<m<2$

50 (1) $(x^2+2)(x^2-3)$
(2) $(x^2+2)(x+\sqrt{3})(x-\sqrt{3})$
(3) $(x+\sqrt{2}\,i)(x-\sqrt{2}\,i)(x+\sqrt{3})(x-\sqrt{3})$

51 $m=0$, 2 つの解は $0,\ 4$

52 (1) $\dfrac{7+\sqrt{33}}{2},\ \dfrac{7-\sqrt{33}}{2}$
(2) $\dfrac{3+\sqrt{3}\,i}{2},\ \dfrac{3-\sqrt{3}\,i}{2}$

53 $(1-\alpha)(1-\beta)=p+\dfrac{q}{2}+1$

54 $3<m<12$

55 $3<m$

56 (1) -5　(2) -4
(3) 16　　(4) $5-4\sqrt{3}$

57 (1) 6　(2) 0　(3) -18

58 (1) $k=7$　(2) $k=-1$　(3) $k=-6$

59 (1) $x-2$　(2) $x+1$ と $x+3$

60 (1) $m=-2$　(2) $m=2$

61 (1) $(x+1)(x-2)(x-3)$

(2) $(x-2)(x+3)^2$

(3) $(x-2)^3$

(4) $(x+2)(x-3)(2x-1)$

62 $a=-1$, $b=-2$

63 $3x-7$

64 (1) $P(x)=(ax+b)Q(x)+R$

(2) (1)で求めた等式に，$x=-\dfrac{b}{a}$ を代入すると

$$P\left(-\dfrac{b}{a}\right)=\left\{a\times\left(-\dfrac{b}{a}\right)+b\right\}Q\left(-\dfrac{b}{a}\right)+R$$
$$=0\times Q\left(-\dfrac{b}{a}\right)+R=R$$

よって $R=P\left(-\dfrac{b}{a}\right)$

(3) 4

65 (1) $(x-1)^2(x+2)(x-2)$

(2) $(x+1)(x-1)(x^2+4x+2)$

66 (1) 商は $2x^2+3x+10$，　余りは 15

(2) 商は x^2-4x+6，　余りは -30

(3) 商は x^3-5x^2+7x-4，　余りは 0

67 (1) $x=3$, $\dfrac{-3\pm3\sqrt{3}\,i}{2}$

(2) $x=-5$, $\dfrac{5\pm5\sqrt{3}\,i}{2}$

(3) $x=\dfrac{1}{2}$, $\dfrac{-1\pm\sqrt{3}\,i}{4}$

(4) $x=-\dfrac{2}{3}$, $\dfrac{1\pm\sqrt{3}\,i}{3}$

68 (1) $x=\pm2i$, ±1

(2) $x=\pm\sqrt{5}\,i$, $\pm\sqrt{6}$

(3) $x=\pm2i$, ±2

(4) $x=\pm\dfrac{1}{3}i$, $\pm\dfrac{1}{3}$

69 (1) $x=1$, $3\pm\sqrt{14}$

(2) $x=-2$, $-1\pm\sqrt{5}$

(3) $x=-1$, $\dfrac{3\pm\sqrt{7}\,i}{2}$

(4) $x=3$, $3\pm\sqrt{2}$

(5) $x=2$, $\dfrac{1}{2}$, -1

(6) $x=-2$, $-\dfrac{2}{3}$, 2

70 (1) $x=1$, -1, $\dfrac{1\pm\sqrt{7}\,i}{4}$

(2) $x=2$, -3, $\pm\sqrt{6}\,i$

71 $p=0$, $q=6$, $x=-2$, $1+3i$

72 (1) $x=\pm2i$, ±1

(2) $x=\pm\sqrt{3}\,i$, $\pm\sqrt{5}$

73 (1) $x=\dfrac{-1\pm\sqrt{3}\,i}{2}$, $\dfrac{-1\pm\sqrt{21}}{2}$

(2) $x=\dfrac{-1\pm\sqrt{13}}{2}$

74 (1) $x=1+3i$ より $x-1=3i$
両辺を2乗すると $(x-1)^2=(3i)^2$
より $x^2-2x+10=0$

(2) $3-3i$

75 8 cm

76 $m=-8$, 1

77 $m=-15$, 1

78 α, β, γ を解とする3次方程式の1つは
$(x-\alpha)(x-\beta)(x-\gamma)=0$
左辺を展開すると
$(x-\alpha)(x-\beta)(x-\gamma)$
$=x^3-(\alpha+\beta+\gamma)x^2+(\alpha\beta+\beta\gamma+\gamma\alpha)x-\alpha\beta\gamma$
一方，α, β, γ を解とする3次方程式
$ax^3+bx^2+cx+d=0$ は
$x^3+\dfrac{b}{a}x^2+\dfrac{c}{a}x+\dfrac{d}{a}=0$
と変形できる。
よって
$x^3-(\alpha+\beta+\gamma)x^2+(\alpha\beta+\beta\gamma+\gamma\alpha)x-\alpha\beta\gamma$
$=x^3+\dfrac{b}{a}x^2+\dfrac{c}{a}x+\dfrac{d}{a}$
両辺の係数を比較して
$\alpha+\beta+\gamma=-\dfrac{b}{a}$, $\alpha\beta+\beta\gamma+\gamma\alpha=\dfrac{c}{a}$, $\alpha\beta\gamma=-\dfrac{d}{a}$

79 (1) $\alpha+\beta+\gamma=-5$, $\alpha\beta+\beta\gamma+\gamma\alpha=3$,
$\alpha\beta\gamma=2$

(2) **19**

(3) $\dfrac{3}{2}$

80 (1) $a=3$, $b=-1$
(2) $a=1$, $b=2$, $c=3$
(3) $a=2$, $b=1$, $c=3$
(4) $a=-3$, $b=6$, $c=3$

81 (1) (左辺)$=a^2+4ab+4b^2-(a^2-4ab+4b^2)$
$\qquad\qquad =8ab=$(右辺)
$\qquad$よって $(a+2b)^2-(a-2b)^2=8ab$
(2) (左辺)$=a^2x^2+2abx+b^2+a^2-2abx+b^2x^2$
$\qquad\qquad =(a^2+b^2)x^2+(a^2+b^2)$
$\qquad\qquad =(a^2+b^2)(x^2+1)$
$\qquad\qquad =$(右辺)
$\qquad$よって $(ax+b)^2+(a-bx)^2=(a^2+b^2)(x^2+1)$
(3) (右辺)$=a^2b^2-2ab+1+a^2+2ab+b^2$
$\qquad\qquad =a^2b^2+a^2+b^2+1$
$\qquad\qquad =a^2(b^2+1)+(b^2+1)$
$\qquad\qquad =(a^2+1)(b^2+1)=$(左辺)
$\qquad$よって $(a^2+1)(b^2+1)=(ab-1)^2+(a+b)^2$

82 (1) $a+b=1$ であるから $b=1-a$
$\qquad$このとき (左辺)$=a^2+(1-a)^2=2a^2-2a+1$
$\qquad\qquad\qquad$ (右辺)$=1-2a(1-a)$
$\qquad\qquad\qquad\qquad =1-2a+2a^2=2a^2-2a+1$
$\qquad$よって $a^2+b^2=1-2ab$
(2) $a+b=1$ であるから $b=1-a$
$\qquad$このとき (左辺)$=a^2+2(1-a)=a^2-2a+2$
$\qquad\qquad\qquad$ (右辺)$=(1-a)^2+1=a^2-2a+2$
$\qquad$よって $a^2+2b=b^2+1$

83 (1) $a=1$, $b=-1$ (2) $a=1$, $b=1$

84 (1) $a+b+c=0$ であるから $c=-a-b$
$\qquad$このとき
$\qquad$ (左辺)$=a^2-b(-a-b)=a^2+ab+b^2$
$\qquad$ (右辺)$=b^2-(-a-b)a=b^2+a^2+ab$
$\qquad$よって $a^2-bc=b^2-ca$
(2) $a+b+c=0$ であるから $c=-a-b$
$\qquad$このとき
$\qquad$ (左辺)
$\qquad =(b-a-b)(-a-b+a)(a+b)+ab(-a-b)$

$\qquad =(-a)(-b)(a+b)-ab(a+b)$
$\qquad =ab(a+b)-ab(a+b)=0=$(右辺)
$\qquad$よって $(b+c)(c+a)(a+b)+abc=0$

85 $\dfrac{a}{b}=\dfrac{c}{d}=k$ とおくと $a=bk$, $c=dk$
(1) (左辺)$=\dfrac{bk+dk}{b+d}=\dfrac{k(b+d)}{b+d}=k$
$\qquad$ (右辺)$=\dfrac{bk\times d+b\times dk}{2bd}=\dfrac{2bdk}{2bd}=k$
$\qquad$よって $\dfrac{a+c}{b+d}=\dfrac{ad+bc}{2bd}$
(2) (左辺)$=\dfrac{bk\times dk}{(bk)^2-(dk)^2}=\dfrac{bdk^2}{(b^2-d^2)k^2}=\dfrac{bd}{b^2-d^2}$
$\qquad\qquad =$(右辺)
$\qquad$よって $\dfrac{ac}{a^2-c^2}=\dfrac{bd}{b^2-d^2}$

86 (1) $\dfrac{11}{9}$ (2) $\dfrac{48}{13}$

87 (1) (左辺)$-$(右辺)$=3a-b-(a+b)$
$\qquad\qquad\qquad\qquad =2a-2b=2(a-b)$
$\qquad$ここで, $a>b$ のとき, $a-b>0$ であるから
$\qquad 2(a-b)>0$ より $3a-b-(a+b)>0$
$\qquad$よって $3a-b>a+b$
(2) (左辺)$-$(右辺)$=\dfrac{a+3b}{4}-\dfrac{a+4b}{5}$
$\qquad\qquad\qquad\qquad =\dfrac{a-b}{20}$
$\qquad$ここで, $a>b$ のとき, $a-b>0$ であるから
$\qquad \dfrac{a-b}{20}>0$ より $\dfrac{a+3b}{4}-\dfrac{a+4b}{5}>0$
$\qquad$よって $\dfrac{a+3b}{4}>\dfrac{a+4b}{5}$

88 (1) (左辺)$-$(右辺)
$\qquad\qquad =x^2+9-6x=(x-3)^2\geqq0$
$\qquad$よって $x^2+9\geqq6x$
$\qquad$等号が成り立つのは, $x=3$ のとき
(2) (左辺)$-$(右辺)$=x^2+1-2x=(x-1)^2\geqq0$
$\qquad$よって $x^2+1\geqq2x$
$\qquad$等号が成り立つのは, $x=1$ のとき
(3) (左辺)$-$(右辺)$=9x^2+4y^2-12xy$
$\qquad\qquad\qquad\qquad =(3x-2y)^2\geqq0$
$\qquad$よって $9x^2+4y^2\geqq12xy$
$\qquad$等号が成り立つのは, $3x=2y$ のとき
(4) (左辺)$-$(右辺)$=(2x+3y)^2-24xy$

$$=4x^2-12xy+9y^2$$
$$=(2x-3y)^2\geqq 0$$
よって　$(2x+3y)^2\geqq 24xy$
等号が成り立つのは，$2x=3y$ のとき

89 (1)　両辺の平方の差を考えると
$$(a+1)^2-(2\sqrt{a})^2=a^2+2a+1-4a$$
$$=a^2-2a+1$$
$$=(a-1)^2\geqq 0$$
よって　$(a+1)^2\geqq (2\sqrt{a})^2$
ここで，$a+1>0$，$2\sqrt{a}\geqq 0$ であるから
　　$a+1\geqq 2\sqrt{a}$
等号が成り立つのは，$a=1$ のとき

(2)　両辺の平方の差を考えると
$$(a+1)^2-(\sqrt{2a+1})^2=a^2+2a+1-2a-1$$
$$=a^2\geqq 0$$
よって　$(a+1)^2\geqq (\sqrt{2a+1})^2$
$a+1>0$，$\sqrt{2a+1}>0$ であるから
　　$a+1\geqq \sqrt{2a+1}$
等号が成り立つのは $a=0$ のとき

(3)　両辺の平方の差を考えると
$$(\sqrt{a}+2\sqrt{b})^2-(\sqrt{a+4b})^2$$
$$=a+4\sqrt{ab}+4b-(a+4b)=4\sqrt{ab}\geqq 0$$
よって　$(\sqrt{a}+2\sqrt{b})^2\geqq (\sqrt{a+4b})^2$
$\sqrt{a}+2\sqrt{b}\geqq 0$，$\sqrt{a+4b}\geqq 0$ であるから
　　$\sqrt{a}+2\sqrt{b}\geqq \sqrt{a+4b}$
等号が成り立つのは，$a=0$ または $b=0$ のとき

(4)　両辺の平方の差を考えると
$$\{\sqrt{2(a^2+4b^2)}\}^2-(a+2b)^2$$
$$=2(a^2+4b^2)-(a^2+4ab+4b^2)$$
$$=a^2-4ab+4b^2=(a-2b)^2\geqq 0$$
よって　$\{\sqrt{2(a^2+4b^2)}\}^2\geqq (a+2b)^2$
$\sqrt{2(a^2+4b^2)}\geqq 0$，$a+2b\geqq 0$ であるから
　　$\sqrt{2(a^2+4b^2)}\geqq a+2b$
等号が成り立つのは，$a=2b$ のとき

90 (1)　$2a>0$，$\dfrac{25}{a}>0$ であるから，
相加平均と相乗平均の大小関係より
$$2a+\frac{25}{a}\geqq 2\sqrt{2a\times\frac{25}{a}}=10\sqrt{2}$$
ゆえに　$2a+\dfrac{25}{a}\geqq 10\sqrt{2}$
等号が成り立つのは，$a=\dfrac{5\sqrt{2}}{2}$ のとき

(2)　$2a>0$，$\dfrac{1}{a}>0$ であるから，
相加平均と相乗平均の大小関係より
$$2a+\frac{1}{a}\geqq 2\sqrt{2a\times\frac{1}{a}}=2\sqrt{2}$$
ゆえに　$2a+\dfrac{1}{a}\geqq 2\sqrt{2}$
等号が成り立つのは，$a=\dfrac{\sqrt{2}}{2}$ のとき

(3)　$\dfrac{b}{2a}>0$，$\dfrac{a}{2b}>0$ であるから，
相加平均と相乗平均の大小関係より
$$\frac{b}{2a}+\frac{a}{2b}\geqq 2\sqrt{\frac{b}{2a}\times\frac{a}{2b}}=1$$
ゆえに，$\dfrac{b}{2a}+\dfrac{a}{2b}\geqq 1$ より　$\dfrac{b}{2a}+\dfrac{a}{2b}-1\geqq 0$
等号が成り立つのは $a=b$ のとき

91　(左辺)－(右辺)$=xy+2-(2x+y)$
$$=xy-2x-y+2$$
$$=x(y-2)-(y-2)$$
$$=(x-1)(y-2)$$
$x>1$，$y>2$ より　$x-1>0$，$y-2>0$
よって　$(x-1)(y-2)>0$ であるから
　　$(xy+2)-(2x+y)>0$
したがって　$xy+2>2x+y$

92 (1)　(左辺)－(右辺)$=x^2+10y^2-6xy$
$$=x^2-6xy+10y^2$$
$$=(x-3y)^2-9y^2+10y^2$$
$$=(x-3y)^2+y^2\geqq 0$$
よって　$x^2+10y^2\geqq 6xy$
等号が成り立つのは，$x=y=0$ のとき

(2)　(左辺)－(右辺)$=x^2+y^2+4x-6y+13$
$$=x^2+4x+y^2-6y+13$$
$$=(x+2)^2-4+(y-3)^2-9+13$$
$$=(x+2)^2+(y-3)^2\geqq 0$$
等号が成り立つのは，$x=-2$，$y=3$ のとき

(3)　(左辺)－(右辺)$=x^2+y^2-2(x+y-1)$
$$=x^2-2x+y^2-2y+2$$
$$=(x-1)^2-1+(y-1)^2-1+2$$
$$=(x-1)^2+(y-1)^2\geqq 0$$
よって　$x^2+y^2\geqq 2(x+y-1)$
等号が成り立つのは，$x=y=1$ のとき

(4)　(左辺)－(右辺)$=x^2+2y^2+1-2y(x+1)$
$$=x^2-2xy+y^2+y^2-2y+1$$
$$=(x-y)^2+(y-1)^2\geqq 0$$

よって $x^2+2y^2+1 \geqq 2y(x+1)$
等号が成り立つのは，$x=y=1$ のとき

93 (1) $(a+3b)\left(\dfrac{1}{a}+\dfrac{1}{3b}\right)=1+\dfrac{a}{3b}+\dfrac{3b}{a}+1$

$$=\dfrac{3b}{a}+\dfrac{a}{3b}+2$$

ここで，$a>0$，$b>0$ より $\dfrac{3b}{a}>0$，$\dfrac{a}{3b}>0$
であるから，相加平均と相乗平均の大小関係より

$$\dfrac{3b}{a}+\dfrac{a}{3b}\geqq 2\sqrt{\dfrac{3b}{a}\times\dfrac{a}{3b}}=2$$

ゆえに $\dfrac{3b}{a}+\dfrac{a}{3b}\geqq 2$

より $\dfrac{3b}{a}+\dfrac{a}{3b}+2\geqq 4$

$$(a+3b)\left(\dfrac{1}{a}+\dfrac{1}{3b}\right)\geqq 4$$

等号が成り立つのは $a=3b$ のとき

(2) $\left(4a+\dfrac{1}{b}\right)\left(b+\dfrac{1}{a}\right)=4ab+4+1+\dfrac{1}{ab}$

$$=4ab+\dfrac{1}{ab}+5$$

ここで，$a>0$，$b>0$ より $4ab>0$，$\dfrac{1}{ab}>0$
であるから，相加平均と相乗平均の大小関係より

$$4ab+\dfrac{1}{ab}\geqq 2\sqrt{4ab\times\dfrac{1}{ab}}=4$$

ゆえに $4ab+\dfrac{1}{ab}\geqq 4$

より $4ab+\dfrac{1}{ab}+5\geqq 9$

$$\left(4a+\dfrac{1}{b}\right)\left(b+\dfrac{1}{a}\right)\geqq 9$$

等号が成り立つのは $ab=\dfrac{1}{2}$ のとき

94 **6**

95 **4**

96 $a<ab<1<\dfrac{a^2+b^2}{2}<b$

97 (1) (i) $\sqrt{2(a^2+b^2)}$ と $|a|+|b|$ の平方の差を考えると

$$\{\sqrt{2(a^2+b^2)}\}^2-(|a|+|b|)^2$$
$$=2(a^2+b^2)-(|a|^2+2|a||b|+|b|^2)$$

$$=2a^2+2b^2-a^2-2|a||b|-b^2$$
$$=a^2-2|a||b|+b^2$$
$$=|a|^2-2|a||b|+|b|^2$$
$$=(|a|-|b|)^2\geqq 0$$

よって $\{\sqrt{2(a^2+b^2)}\}^2\geqq(|a|+|b|)^2$
$\sqrt{2(a^2+b^2)}\geqq 0$，$|a|+|b|\geqq 0$ であるから
$$\sqrt{2(a^2+b^2)}\geqq|a|+|b|$$
等号が成り立つのは $|a|-|b|=0$ より
$|a|=|b|$ のときである。

(ii) $|a|+|b|$ と $\sqrt{a^2+b^2}$ の平方の差を考えると
$$(|a|+|b|)^2-(\sqrt{a^2+b^2})^2$$
$$=|a|^2+2|a||b|+|b|^2-(a^2+b^2)$$
$$=a^2+2|a||b|+b^2-a^2-b^2$$
$$=2|a||b|=2|ab|\geqq 0$$

よって $(|a|+|b|)^2\geqq(\sqrt{a^2+b^2})^2$
$|a|+|b|\geqq 0$，$\sqrt{a^2+b^2}\geqq 0$ であるから
$$|a|+|b|\geqq\sqrt{a^2+b^2}$$
等号が成り立つのは $|ab|=0$ より $ab=0$ の
ときである。

したがって，(i), (ii)より
$$\sqrt{a^2+b^2}\leqq|a|+|b|\leqq\sqrt{2(a^2+b^2)}$$
$a=b=0$ のとき等号が成り立つ。

(2) (i) $|a|<|b|$ のとき
$|a|-|b|<0$，$|a+b|>0$ より
$$|a|-|b|<|a+b|$$

(ii) $|a|\geqq|b|$ のとき
両辺の平方の差を考えると
$$(|a+b|)^2-(|a|-|b|)^2$$
$$=(a+b)^2-(|a|^2-2|a||b|+|b|^2)$$
$$=a^2+2ab+b^2-(a^2-2|a||b|+b^2)$$
$$=2ab+2|a||b|=2(|ab|+ab)$$
$|ab|\geqq -ab$ より $|ab|+ab\geqq 0$ よって
$$(|a+b|)^2\geqq(|a|-|b|)^2$$
$|a|-|b|\geqq 0$，$|a+b|\geqq 0$ より
$$|a|-|b|\leqq|a+b|$$
等号が成り立つのは，$|ab|=-ab$ より
$ab\leqq 0$ のときである。

(i), (ii)より
$$|a|-|b|\leqq|a+b|$$
$|a|\geqq|b|$ かつ $ab\leqq 0$ のとき等号は成り立つ。

98 (1) **5** (2) **3** (3) **4**

99 点Pは AB を **2：1 に内分する**
点Qは AB を **3：1 に外分する**

点RはABを$1:4$に外分する

100 (1) **C(0)** (2) **D(−2)**
(3) **E(1)** (4) **F(−1)**

101 (1) **C(8)** (2) **D(−4)**
(3) **E(18)** (4) **F(−14)**

102 (1) **15** (2) **1：4 に内分する**
(3) **1：4 に外分する**

103 点 $A(3, -4)$ は**第4象限**の点
点B，C，D の座標は
B(3, 4)，C(−3, −4)，D(−3, 4)

104 (1) **5** (2) **5** (3) **13** (4) **1**

105 (1) $x=\pm 4$ (2) $x=7, -9$
(3) $y=1, 5$

106 (1) **(3, 0)** (2) **(0, 3)**
(3) **(2, 1)** (4) **(−5, 8)**

107 (1) **(3, 1)** (2) **(2, −2)**

108 **C(−4, 2)**

109 (1) **M(3, 2)** (2) **D(4, 6)**

110 (1) 点Pの座標は **(5, 0)**
点Qの座標は **(0, 5)**
(2) 点Pの座標は $\left(\dfrac{5}{16}, 0\right)$
点Qの座標は $\left(0, -\dfrac{5}{14}\right)$

111 ∠A が直角の直角二等辺三角形

112 **Q(−1, −4)**

113 次の図のように，2点B，C を x 軸上に
とり
$A(a, b)$，$B(-c, 0)$，$C(c, 0)$
とすると，△ABC の重心G の座標は
$\left(\dfrac{a+(-c)+c}{3}, \dfrac{b+0+0}{3}\right)$

より $G\left(\dfrac{a}{3}, \dfrac{b}{3}\right)$

$AB^2+BC^2+CA^2$
$=\{(-c-a)^2+(0-b)^2\}$
$\quad+\{c-(-c)\}^2$
$\quad+\{(a-c)^2+(b-0)^2\}$
$=2a^2+2b^2+6c^2$

$GA^2+GB^2+GC^2$
$=\left\{\left(a-\dfrac{a}{3}\right)^2+\left(b-\dfrac{b}{3}\right)^2\right\}+\left\{\left(-c-\dfrac{a}{3}\right)^2+\left(0-\dfrac{b}{3}\right)^2\right\}$
$\quad+\left\{\left(c-\dfrac{a}{3}\right)^2+\left(0-\dfrac{b}{3}\right)^2\right\}$
$=\dfrac{2a^2+2b^2+6c^2}{3}$

よって $AB^2+BC^2+CA^2=3(GA^2+GB^2+GC^2)$

114 右の図のように，
E を原点，3点B，C，D
を x 軸上にとり，
$A(a, b)$，$B(-2c, 0)$
$C(c, 0)$，$D(-c, 0)$
とする。

AB^2+AC^2
$=\{(-2c-a)^2+(0-b)^2\}+\{(c-a)^2+(0-b)^2\}$
$=2a^2+2b^2+5c^2+2ac$

$AD^2+AE^2+4DE^2$
$=\{(-c-a)^2+(0-b)^2\}+(a^2+b^2)+4\{0-(-c)\}^2$
$=2a^2+2b^2+5c^2+2ac$

よって $AB^2+AC^2=AD^2+AE^2+4DE^2$

115

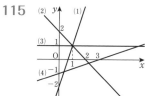

116 (1) $y=2x-5$ (2) $y=-3x+2$

117 (1) $y=4x-14$ (2) $y=-8x+19$
(3) $y=-4x$ (4) $y=3x+6$
(5) $y=-1$ (6) $x=2$

118 (1) $y=-\dfrac{1}{2}x+3$ (2) $y=-3x+5$

(3) $x=3$

119. (1) 傾きは $\dfrac{1}{3}$, y 切片は 2

(2) 傾きは $-\dfrac{2}{3}$, y 切片は 2

120 $3x-2y-6=0$

121 (1) $(1,\ 1)$　(2) $y=-x+2$

122 (1) $a=0$　(2) $a=-8,\ 2$

123 $8x+y+13=0$

124 直線 $(2k+1)x-(k+3)y-3k+1=0$ を
変形すると $(2x-y-3)k+(x-3y+1)=0$
よって $\begin{cases} 2x-y-3=0 \\ x-3y+1=0 \end{cases}$
ならば, どのような k の値に対しても
$(2x-y-3)k+(x-3y+1)=0$
が成り立つ。
この連立方程式を解くと
$x=2,\ y=1$
したがって, この直線は k の値に関係なく
定点 $(2,\ 1)$ を通る。

125 互いに平行なのは ①と⑦
互いに垂直なのは ③と⑥, ⑤と⑧

126 (1) 点 $(1,\ 2)$ を通り, 直線 $y=3x-4$
に
　平行な直線の方程式は $3x-y-1=0$
　垂直な直線の方程式は $x+3y-7=0$
(2) 点 $(1,\ 2)$ を通り, 直線 $x-y-5=0$ に
　平行な直線の方程式は $x-y+1=0$
　垂直な直線の方程式は $x+y-3=0$
(3) 点 $(1,\ 2)$ を通り, 直線 $2x+y+1=0$ に
　平行な直線の方程式は $2x+y-4=0$
　垂直な直線の方程式は $x-2y+3=0$
(4) 点 $(1,\ 2)$ を通り, 直線 $x=4$ に
　平行な直線の方程式は $x=1$
　垂直な直線の方程式は $y=2$

127 (1) $\dfrac{1}{5}$　(2) $\sqrt{2}$

(3) $\dfrac{\sqrt{10}}{2}$　　　(4) 2

128 (1) $2\sqrt{2}$　(2) 1
(3) $\sqrt{5}$　　　　(4) 4

129 (1) $(-3,\ -4)$　(2) $(-2,\ 2)$

130 $3x+y-9=0$

131 (1) $\sqrt{10}$　(2) $3x-y-2=0$
(3) $\dfrac{9\sqrt{10}}{10}$　　(4) $\dfrac{9}{2}$

132 $y=3x+10,\ y=3x-10$

133 (1) $x-y+2=0$
(2) $x+2y-4=0$
(3) $(0,\ 2)$
(4) 頂点Aから対辺BCに引いた垂線は y 軸であ
り, BPとCQの交点 $(0,\ 2)$ は y 軸上の点であ
るから, 各頂点から引いた3つの垂線は1点
$(0,\ 2)$ で交わる。

134 (1) $(x+2)^2+(y-1)^2=16$
(2) $x^2+y^2=16$
(3) $(x-3)^2+(y+2)^2=1$
(4) $(x+3)^2+(y-4)^2=5$

135 (1) $(x-2)^2+(y-1)^2=5$
(2) $(x-1)^2+(y+3)^2=25$
(3) $(x-3)^2+(y-2)^2=4$
(4) $(x+4)^2+(y-5)^2=16$

136 (1) $(x+1)^2+(y-4)^2=25$
(2) $(x-1)^2+(y-3)^2=5$

137 (1) **中心が点 $(3,\ -5)$ で, 半径 $3\sqrt{2}$ の
円**
(2) **中心が点 $(2,\ 3)$ で, 半径 3 の円**
(3) **中心が点 $(0,\ 1)$ で, 半径 1 の円**
(4) **中心が点 $(-4,\ 0)$ で, 半径 5 の円**

138 (1) $x^2+y^2+8x-6y=0$
(2) $x^2+y^2-6x-4y+9=0$

139 (1) $x^2+(y-2)^2=5$
中心は点 $(0,\ 2)$，半径は $\sqrt{5}$
(2) $(x-1)^2+(y-5)^2=25$
中心は点 $(1,\ 5)$，半径は 5
$(x-9)^2+(y-13)^2=169$
中心は点 $(9,\ 13)$，半径は 13
(3) $(x-1)^2+(y+1)^2=1$
中心は点 $(1,\ -1)$，半径は 1
$(x-5)^2+(y+5)^2=25$
中心は点 $(5,\ -5)$，半径は 5

140 $m<-1,\ 2<m$

141 $(x-3)^2+(y-5)^2=20$

142 (1) $(-4,\ -3),\ (3,\ 4)$　　(2) $(3,\ 1)$

143 (1) 2 個　　(2) 1 個　　(3) 0 個

144 (1) $-5\leqq m\leqq 5$　　(2) $-10\leqq m\leqq 10$

145 $m<-5,\ 3<m$

146 (1) $r=\sqrt{2}$　　(2) $r=3$

147 (1) $-3x+4y=25$　　(2) $2x-y=5$
(3) $x=3$　　　　　　　(4) $y=-4$

148 $y=1,\ 4x-3y=5$

149 $m=\pm 10$
$m=10$ のとき，接点の座標は $(-1,\ 3)$
$m=-10$ のとき，接点の座標は $(1,\ -3)$

150 $m<-\sqrt{3}$ ，$\sqrt{3}<m$ のとき
共有点は 2 個
$m=\pm\sqrt{3}$ のとき
共有点は 1 個
$-\sqrt{3}<m<\sqrt{3}$ のとき
共有点は 0 個（なし）

151 (1) $(3,\ 4)$ および $(4,\ -3)$
(2) $7x+y=25$

152 $\sqrt{14}$

153 $(x-3)^2+(y-1)^2=10$

154 $(x-8)^2+(y-4)^2=20$

155 外接しているとき $r=3$
内接しているとき $r=7$

156 $\left(\dfrac{8}{5},\ -\dfrac{6}{5}\right)$

157 $r=\sqrt{2}-1,\ \left(\dfrac{\sqrt{2}}{2},\ \dfrac{\sqrt{2}}{2}\right)$

158 (1) 直線 $2x-y-3=0$
(2) 直線 $x+7y+12=0$
(3) 直線 $2x-y-1=0$
(4) 中心が原点で，半径が 1 の円

159 (1) 点 $(-3,\ 0)$ を中心とする半径 3 の円
(2) 点 $(0,\ 4)$ を中心とする半径 4 の円

160 (1) 点 $(4,\ 0)$ を中心とする半径 2 の円
(2) 点 $(2,\ 0)$ を中心とする半径 3 の円

161 直線 $3x-6y-14=0$

162 (1) $\mathrm{P}(2-a,\ 4-b)$
(2) 直線 $x-2y+7=0$

163 (1) 放物線 $y=2x^2+2$
(2) 放物線 $y=2x^2-8x+6$

164 2 直線 $x-(\sqrt{2}+1)y=0,$
$x+(\sqrt{2}-1)y=0$

165 放物線 $y=x^2-5x-4$

166 (1)

境界線を含まない

(2)
境界線を含まない

(3)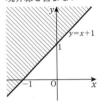
境界線を含む

(4)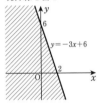
境界線を含む

(5)
境界線を含まない

(6)
境界線を含む

167 (1)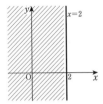
境界線を含まない

(2)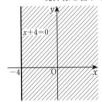
境界線を含む

(3)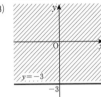
境界線を含まない

(4)
境界線を含む

168 (1)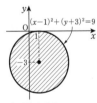
境界線を含む

(2)

$x^2+y^2+4x-2y=0$

境界線を含まない

(3)

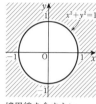

$x^2+y^2=1$

境界線を含まない

(4)

$x^2+(y-1)^2=4$

境界線を含まない

(5)

$x^2+y^2-2y=0$

境界線を含まない

(6)

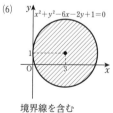

$x^2+y^2-6x-2y+1=0$

境界線を含む

169 (1) $y \leqq -2x+4$
(2) $(x-2)^2+y^2>4$

170 (1)

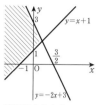

$y=x+1$

$y=-2x+3$

境界線を含まない

(2)

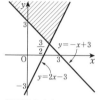

$y=-x+3$

$y=2x-3$

境界線を含む

(3)

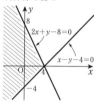

$2x+y-8=0$

$x-y-4=0$

境界線を含まない

(4)

$3x-y+6=0$

$x-y+2=0$

境界線を含む

171 (1)

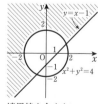

$y=x-1$

$x^2+y^2=4$

境界線を含まない

(2)
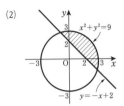
境界線を含む

(3)
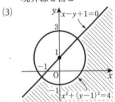
境界線を含まない

(4)
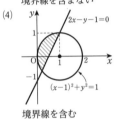
境界線を含む

172 (1)
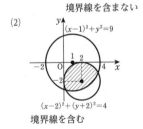
境界線を含まない

(2)
境界線を含む

173 (1)
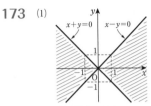
境界線を含まない

(2)
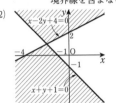
境界線を含む

(3)

境界線を含む

(4)
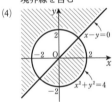
境界線を含まない

174 (1)
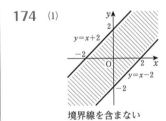
境界線を含まない

(2)

境界線を含む

175 (1) $\begin{cases} x^2+y^2<1 \\ (x+1)^2+y^2<1 \end{cases}$

(2) $\begin{cases} x<0 \\ y<x+2 \\ y>-2x-4 \end{cases}$

(3) $(x^2+y^2-4)(x+y-1)>0$

176 $x=2$, $y=2$ のとき, 最大値 10
$x=0$, $y=0$ のとき, 最小値 0

177 菓子 S, T をそれぞれ 5 ケース, 3 ケースずつつくればよい。このとき, 利益は 21 万円である。

178
(1)

(2)

(3)

179 (1) $135°+360°\times1$
(2) $315°+360°\times(-1)$
(3) $240°+360°\times2$
(4) $90°+360°\times(-2)$

180 $420°$ と $-300°$

181 (1) $-\dfrac{\pi}{4}$ (2) $\dfrac{5}{12}\pi$
(3) $-\dfrac{7}{6}\pi$ (4) $-\dfrac{7}{4}\pi$

182 (1) $108°$ (2) $660°$
(3) $-270°$ (4) $-150°$

183 (1) $l=3\pi$, $S=6\pi$
(2) $l=5\pi$, $S=15\pi$
(3) $l=2\pi$, $S=5\pi$

184 (1) $\theta=\dfrac{2}{3}$, $S=3$ (2) $\theta=\dfrac{3}{4}$, $S=24$

185 (1) $r=\dfrac{66}{\pi}$, $S=\dfrac{363}{\pi}$
(2) $r=2$, $S=4$

186 $S_1:S_2:S_3=3\sqrt{3}:2\pi:4\sqrt{3}$

187 $\alpha=40°$, $160°$, $280°$

188 (1) $\sin\dfrac{5}{4}\pi=-\dfrac{1}{\sqrt{2}}$, $\cos\dfrac{5}{4}\pi=-\dfrac{1}{\sqrt{2}}$
$\tan\dfrac{5}{4}\pi=1$

(2) $\sin\dfrac{11}{3}\pi=-\dfrac{\sqrt{3}}{2}$, $\cos\dfrac{11}{3}\pi=\dfrac{1}{2}$
$\tan\dfrac{11}{3}\pi=-\sqrt{3}$

(3) $\sin\left(-\dfrac{\pi}{6}\right)=-\dfrac{1}{2}$, $\cos\left(-\dfrac{\pi}{6}\right)=\dfrac{\sqrt{3}}{2}$
$\tan\left(-\dfrac{\pi}{6}\right)=-\dfrac{\sqrt{3}}{3}$

(4) $\sin(-3\pi)=0$, $\cos(-3\pi)=-1$
$\tan(-3\pi)=0$

189 (1) 第 2 象限
(2) 第 2 象限
(3) 第 3 象限
(4) 第 1 象限または第 3 象限

190 (1) $\cos\theta=-\dfrac{4}{5}$, $\tan\theta=\dfrac{3}{4}$
(2) $\sin\theta=-\dfrac{\sqrt{7}}{4}$, $\tan\theta=-\dfrac{\sqrt{7}}{3}$

191 (1) $\sin\theta=-\dfrac{\sqrt{6}}{3}$, $\cos\theta=-\dfrac{\sqrt{3}}{3}$
(2) $\sin\theta=-\dfrac{\sqrt{5}}{5}$, $\cos\theta=\dfrac{2\sqrt{5}}{5}$

192 (1) (i) $-\dfrac{12}{25}$ (ii) $\dfrac{37}{125}$

第 3 章

解答

(2) (i) $\dfrac{4}{9}$ (ii) $-\dfrac{13}{27}$

193 (1) $\cos\theta=\dfrac{\sqrt{21}}{5}$, $\tan\theta=-\dfrac{2\sqrt{21}}{21}$

または $\cos\theta=-\dfrac{\sqrt{21}}{5}$, $\tan\theta=\dfrac{2\sqrt{21}}{21}$

(2) $\sin\theta=\dfrac{2\sqrt{5}}{5}$, $\tan\theta=-2$

または $\sin\theta=-\dfrac{2\sqrt{5}}{5}$, $\tan\theta=2$

(3) $\sin\theta=\dfrac{2\sqrt{2}}{3}$, $\cos\theta=\dfrac{1}{3}$

または $\sin\theta=-\dfrac{2\sqrt{2}}{3}$, $\cos\theta=-\dfrac{1}{3}$

194 (1) (左辺)$=\dfrac{\cos^2\theta+(1+\sin\theta)^2}{(1+\sin\theta)\cos\theta}$

$=\dfrac{\cos^2\theta+\sin^2\theta+2\sin\theta+1}{(1+\sin\theta)\cos\theta}$

$=\dfrac{2(1+\sin\theta)}{(1+\sin\theta)\cos\theta}=\dfrac{2}{\cos\theta}=$(右辺)

(2) (左辺)$=\dfrac{\tan^2\theta+1}{\tan\theta}=\dfrac{1}{\tan\theta}\times(1+\tan^2\theta)$

$=\dfrac{1}{\tan\theta}\times\dfrac{1}{\cos^2\theta}$

$=\dfrac{\cos\theta}{\sin\theta}\times\dfrac{1}{\cos^2\theta}=\dfrac{1}{\sin\theta\cos\theta}=$(右辺)

195 (1) $\dfrac{\sqrt{6}}{2}$ (2) $\dfrac{\sqrt{2}}{2}$

(3) $\sin\theta=\dfrac{\sqrt{6}+\sqrt{2}}{4}$, $\cos\theta=\dfrac{-\sqrt{6}+\sqrt{2}}{4}$

196 (1) $\dfrac{\sqrt{3}}{2}$ (2) $\dfrac{1}{\sqrt{3}}$

(3) $\dfrac{\sqrt{2}}{2}$ (4) -1

197 (1) $-\dfrac{\sqrt{2}}{2}$ (2) $\dfrac{\sqrt{2}}{2}$

(3) $-\dfrac{\sqrt{2}}{2}$ (4) 1

198 (1) $-\dfrac{\sqrt{2}}{2}$ (2) 0

199 (1) 1 (2) 0

200 (1) a 1, b $\dfrac{1}{2}$, c $-\dfrac{\sqrt{3}}{2}$, θ_1 $\dfrac{\pi}{3}$,

θ_2 $\dfrac{\pi}{2}$, θ_3 $\dfrac{3}{2}\pi$

(2) a $\dfrac{\sqrt{3}}{2}$, b -1, θ_1 $\dfrac{\pi}{2}$, θ_2 $\dfrac{5}{6}\pi$, θ_3 π,

θ_4 $\dfrac{4}{3}\pi$

201 (1) 周期は 2π

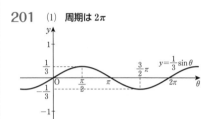

(2) 周期は 2π

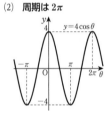

202 (1) 周期は $\dfrac{2}{3}\pi$

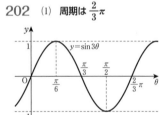

(2) 周期は $\dfrac{\pi}{2}$

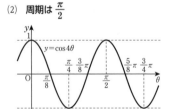

(3) 周期は 4π

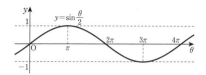

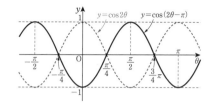

203 (1) 周期は 2π

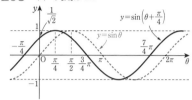

(2) 周期は 2π

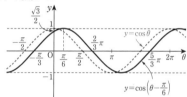

204 周期は π

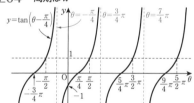

205 (1) 周期は 2π

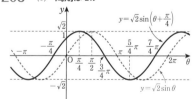

(2) 周期は π

206 $r=\dfrac{3}{2}$, $a=2$, $b=\dfrac{\pi}{3}$

207 (1) $\theta=\dfrac{7}{6}\pi$, $\dfrac{11}{6}\pi$ (2) $\theta=\dfrac{\pi}{6}$, $\dfrac{11}{6}\pi$

(3) $\theta=\dfrac{4}{3}\pi$, $\dfrac{5}{3}\pi$ (4) $\theta=\dfrac{3}{4}\pi$, $\dfrac{5}{4}\pi$

208 (1) $\theta=\dfrac{3}{4}\pi$, $\dfrac{7}{4}\pi$ (2) $\theta=\dfrac{2}{3}\pi$, $\dfrac{5}{3}\pi$

209 (1) $\theta=\dfrac{\pi}{6}$, $\dfrac{5}{6}\pi$, $\dfrac{3}{2}\pi$

(2) $\theta=\dfrac{\pi}{2}$, $\dfrac{2}{3}\pi$, $\dfrac{4}{3}\pi$, $\dfrac{3}{2}\pi$

(3) $\theta=0$

(4) $\theta=\dfrac{7}{6}\pi$, $\dfrac{11}{6}\pi$

210 (1) $\dfrac{\pi}{6}<\theta<\dfrac{5}{6}\pi$

(2) $\dfrac{\pi}{6}<\theta<\dfrac{11}{6}\pi$

(3) $\dfrac{4}{3}\pi\leqq\theta\leqq\dfrac{5}{3}\pi$

(4) $0\leqq\theta\leqq\dfrac{\pi}{3}$, $\dfrac{5}{3}\pi\leqq\theta<2\pi$

211 (1) $\theta=\dfrac{\pi}{12}$, $\dfrac{5}{12}\pi$ (2) $\theta=\pi$, $\dfrac{5}{3}\pi$

(3) $\dfrac{5}{12}\pi<\theta<\dfrac{13}{12}\pi$ (4) $\dfrac{\pi}{12}<\theta<\dfrac{19}{12}\pi$

212 (1) $\theta=\dfrac{5}{12}\pi$, $\dfrac{3}{4}\pi$, $\dfrac{17}{12}\pi$, $\dfrac{7}{4}\pi$

(2) $\theta=\dfrac{\pi}{24}$, $\dfrac{5}{24}\pi$, $\dfrac{25}{24}\pi$, $\dfrac{29}{24}\pi$

(3) $\dfrac{\pi}{12}<\theta<\dfrac{\pi}{4}$, $\dfrac{13}{12}\pi<\theta<\dfrac{5}{4}\pi$

(4) $0\leqq\theta<\dfrac{\pi}{24}$, $\dfrac{7}{24}\pi<\theta<\dfrac{25}{24}\pi$, $\dfrac{31}{24}\pi<\theta<2\pi$

213 (1) $\theta=\pi$ のとき, 最大値 3
$\theta=0$ のとき, 最小値 -5

(2) $\theta=\dfrac{3}{2}\pi$ のとき, 最大値 3

$\theta=\dfrac{\pi}{6}$, $\dfrac{5}{6}\pi$ のとき, 最小値 $\dfrac{3}{4}$

214 (1) $\theta=\dfrac{2}{3}\pi$, $\dfrac{4}{3}\pi$ のとき, 最大値 $\dfrac{9}{4}$

$\theta=0$ のとき, 最小値 0

(2) $\theta=\dfrac{\pi}{4}$, $\dfrac{3}{4}\pi$ のとき, 最大値 $\dfrac{5}{2}$

$\theta=\dfrac{3}{2}\pi$ のとき, 最小値 $1-\sqrt{2}$

215 (1) $\dfrac{\sqrt{2}-\sqrt{6}}{4}$　(2) $\dfrac{-\sqrt{2}+\sqrt{6}}{4}$

(3) $\dfrac{\sqrt{2}-\sqrt{6}}{4}$　(4) $-\dfrac{\sqrt{6}+\sqrt{2}}{4}$

216 (1) $-\dfrac{16}{65}$　(2) $-\dfrac{56}{65}$

(3) $\dfrac{63}{65}$　(4) $-\dfrac{33}{65}$

217 (1) $-2-\sqrt{3}$　(2) $2+\sqrt{3}$

218 $\theta=\dfrac{\pi}{4}$

219 $-\dfrac{5}{8}$

220 2

221 $\left(\dfrac{\sqrt{2}}{2},\ -\dfrac{3\sqrt{2}}{2}\right)$

222 (1) $\sin 2\alpha=\dfrac{4\sqrt{5}}{9}$, $\cos 2\alpha=\dfrac{1}{9}$
$\tan 2\alpha=4\sqrt{5}$

(2) $\sin 2\alpha=-\dfrac{4\sqrt{2}}{9}$, $\cos 2\alpha=-\dfrac{7}{9}$

$\tan 2\alpha=\dfrac{4\sqrt{2}}{7}$

223 (1) $\dfrac{\sqrt{6}-\sqrt{2}}{4}$　(2) $\dfrac{\sqrt{6}+\sqrt{2}}{4}$

(3) $\dfrac{\sqrt{2-\sqrt{2}}}{2}$

224 (1) $2\sin\left(\theta+\dfrac{\pi}{3}\right)$

(2) $2\sqrt{3}\sin\left(\theta+\dfrac{11}{6}\pi\right)$

(3) $\sqrt{2}\sin\left(\theta+\dfrac{3}{4}\pi\right)$

(4) $2\sqrt{3}\sin\left(\theta+\dfrac{\pi}{6}\right)$

225 (1) 最大値は $\sqrt{5}$, 最小値は $-\sqrt{5}$
(2) 最大値は 3, 最小値は -3

226 (1) $\theta=\dfrac{\pi}{3}$, $\dfrac{\pi}{2}$, $\dfrac{3}{2}\pi$, $\dfrac{5}{3}\pi$

(2) $\theta=0$, $\dfrac{\pi}{6}$, π, $\dfrac{11}{6}\pi$

(3) $\theta=\dfrac{\pi}{3}$, $\dfrac{5}{3}\pi$

(4) $\theta=\dfrac{\pi}{6}$, $\dfrac{5}{6}\pi$, $\dfrac{3}{2}\pi$

227 $\sin\dfrac{\alpha}{2}=\dfrac{\sqrt{3}}{3}$, $\cos\dfrac{\alpha}{2}=-\dfrac{\sqrt{6}}{3}$

$\tan\dfrac{\alpha}{2}=-\dfrac{\sqrt{2}}{2}$

228 (1) $\dfrac{7}{6}\pi<\theta<\dfrac{11}{6}\pi$

(2) $0<\theta<\dfrac{3}{4}\pi$, $\pi<\theta<\dfrac{5}{4}\pi$

(3) $0\leqq\theta\leqq\dfrac{2}{3}\pi$, $\dfrac{4}{3}\pi\leqq\theta<2\pi$

(4) $0\leqq\theta<\dfrac{\pi}{6}$, $\dfrac{\pi}{2}<\theta<\dfrac{5}{6}\pi$, $\dfrac{3}{2}\pi<\theta<2\pi$

229 周期は π

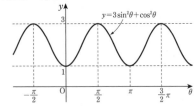

230 (1) $\theta = \pi, \dfrac{3}{2}\pi$ (2) $\theta = \dfrac{5}{12}\pi, \dfrac{11}{12}\pi$

231 (1) $0 < \theta < \dfrac{\pi}{3}$

(2) $0 \leqq \theta \leqq \dfrac{5}{12}\pi, \dfrac{13}{12}\pi \leqq \theta < 2\pi$

232 最大値は $\sqrt{13}$, 最小値は -3

233 (1) $\dfrac{2-\sqrt{3}}{4}$ (2) $\dfrac{1}{4}$

(3) $\dfrac{\sqrt{2}+\sqrt{3}}{4}$ (4) $\dfrac{\sqrt{2}}{2}$

(5) $\dfrac{\sqrt{6}}{2}$ (6) $-\dfrac{\sqrt{6}}{2}$

234 (1) $\sin 6\theta - \sin 2\theta$
(2) $-\cos 4\theta + \cos 2\theta$

235 (1) $2\sin 2\theta \cos \theta$ (2) $2\cos 3\theta \cos \theta$
(3) $2\sin 3\theta \sin 2\theta$

236 (1) a^8 (2) a^{12} (3) a^{10}
(4) $a^2 b^6$ (5) $a^6 b^{12}$ (6) $a^8 b^8$

237 (1) 1 (2) $\dfrac{1}{36}$

(3) $\dfrac{1}{10}$ (4) $-\dfrac{1}{64}$

238 (1) a^3 (2) a (3) a
(4) a^8 (5) $a^4 b^6$ (6) a^3

239 (1) 10 (2) 49 (3) 1
(4) 32 (5) 1 (6) 81

240 (1) -2 (2) 5と-5 (3) 2
(4) -2 (5) 10 (6) $-\dfrac{1}{4}$

241 (1) 7 (2) 3 (3) 2 (4) 2

242 (1) 27 (2) 16

(3) $\dfrac{1}{5}$ (4) $\dfrac{1}{8}$

243 (1) a^2 (2) a (3) a (4) a^3

244 (1) 9 (2) 2 (3) 2
(4) 2 (5) $\dfrac{1}{3}$ (6) 1

245 (1) a^2 (2) a (3) $\sqrt{a}$ (4) 1

246 (1) 0 (2) 2 (3) a (4) a

247 (1) 4 (2) $\sqrt{3}$
(3) ab (4) 1

248

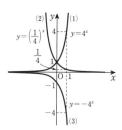

249 (1) $\sqrt[5]{3^6} < \sqrt[4]{3^5} < \sqrt[3]{3^4}$
(2) $\sqrt[4]{32} < \sqrt[3]{16} < \sqrt{8}$

(3) $\dfrac{1}{27} < \left(\dfrac{1}{3}\right)^2 < \left(\dfrac{1}{9}\right)^{\frac{1}{2}}$

(4) $\sqrt[4]{\dfrac{1}{125}} < \sqrt[3]{\dfrac{1}{25}} < \sqrt{\dfrac{1}{5}}$

250 (1) $x = 6$ (2) $x = 2$
(3) $x = -3$ (4) $x = -1$
(5) $x = \dfrac{2}{3}$ (6) $x = -\dfrac{5}{3}$

251 (1) $x < 3$ (2) $x > -2$
(3) $x \leqq -\dfrac{3}{2}$ (4) $x > -\dfrac{3}{2}$
(5) $x \leqq 5$ (6) $x > \dfrac{1}{6}$

252 (1) x軸に関して対称
(2) y軸に関して対称
(3) x軸方向に -2, y軸方向に -1 だけ平行移動
　動したもの

253 (1) $\sqrt{2} < \sqrt[3]{3} < \sqrt[4]{5}$

(2) $6^{10} < 2^{30} < 3^{20}$

254 (1) $x = \dfrac{9}{2}$　(2) $x = 1$　(3) $x = 2$

255 (1) $x < 1$　(2) $x \leqq \dfrac{1}{2}$

(3) $0 < x < 2$　(4) $\dfrac{11}{3} < x < \dfrac{21}{5}$

256 (1) $x = 0,\ 3$　(2) $x = 2$

257 (1) $x > 2$　(2) $1 < x < 3$

258 (1) 7　(2) 18

259 (1) $x = 3$ のとき最大値 32,
　$x = 1$ のとき最小値 -4
(2) $x = -2$ のとき最大値 29,
　$x = -1$ のとき最小値 -7

260 (1) $\log_3 9 = 2$　(2) $\log_5 1 = 0$
(3) $\log_4 \dfrac{1}{64} = -3$　(4) $\log_7 \sqrt{7} = \dfrac{1}{2}$

261 (1) $32 = 2^5$　(2) $27 = 9^{\frac{3}{2}}$
(3) $\dfrac{1}{125} = 5^{-3}$

262 (1) 1　(2) 3　(3) 0
(4) $\dfrac{1}{3}$　(5) -2　(6) -3
(7) $-\dfrac{1}{4}$　(8) 2

263 (1) 15　(2) 7　(3) 5
(4) 順に $7,\ 5$　(5) 5　(6) 2
(7) 3　(8) 2

264 (1) 2　(2) 2　(3) $\dfrac{5}{2}$
(4) 1　(5) 2　(6) 1

265 (1) $\dfrac{3}{2}$　(2) $\dfrac{1}{4}$　(3) $-\dfrac{5}{3}$
(4) $\dfrac{3}{2}$　(5) 2　(6) 1

266 (1) $2a + b$　(2) $3 + 2b$
(3) $a - 2b$　(4) $a + b + 3$

267 (1) $p + 2q$　(2) $p + 2$
(3) $p + q + 2$　(4) $2p - q$

268 (1) $\dfrac{15}{4}$　(2) $\dfrac{1}{4}$

269 (1) 3　(2) 2

270

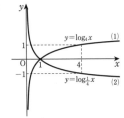

271 (1) $a = 3,\ b = 1,\ c = \dfrac{1}{3}$
(2) $a = \dfrac{1}{2},\ b = 1,\ c = 1$

272 (1) $\log_3 2 < \log_3 4 < \log_3 5$
(2) $\log_{\frac{1}{4}} 4 < \log_{\frac{1}{4}} 3 < \log_{\frac{1}{4}} 1$
(3) $\log_2 \sqrt{7} < \log_2 3 < \log_2 \dfrac{7}{2}$
(4) $\dfrac{5}{2} \log_{\frac{1}{3}} 4 < 3 \log_{\frac{1}{3}} 3 < 2 \log_{\frac{1}{3}} 5$

273 (1) $x = 8$ のとき　最大値 3,
　$x = \dfrac{1}{4}$ のとき　最小値 -2
(2) $x = \sqrt{2}$

274 (1) $x = \dfrac{1}{9}$ のとき　最大値 2,
　$x = 27$ のとき　最小値 -3
(2) $x = \sqrt{2}$

275 (1) $x = 2$　(2) $x = 2$
(3) $x = \sqrt{2}$　(4) $x = 2$

276 (1) $x = 1$　(2) $x = 6$

277 (1) $x>8$ (2) $0<x\leqq\dfrac{1}{4}$
(3) $x\geqq7$ (4) $x>4$
(5) $0<x\leqq4$ (6) $x>5$

278 (1) $2<x<4$ (2) $1<x\leqq3$
(3) $x>6$ (4) $4<x<5$

279 $\log_a\dfrac{a}{b}<\log_b\dfrac{b}{a}<\log_b a<\log_a b$

280 (1) $x=27$ のとき 最大値 4,
$x=\sqrt{3}$ のとき 最小値 $-\dfrac{9}{4}$

(2) $x=\dfrac{1}{2}$ のとき 最大値 8,
$x=4$ のとき 最小値 -1

281 (1) 1.8573 (2) 2.7324
(3) -1.2218 (4) 0.3891

282 (1) 3.5611 (2) 1.6611
(3) -0.0761

283 (1) 13 桁 (2) 20 桁

284 (1) $a+b$ (2) $a+1$
(3) $2b+1$ (4) $a+\dfrac{1}{2}b$
(5) $1-a$ (6) $-a+b+1$

285 (1) 小数第 7 位 (2) 小数第 5 位
(3) 小数第 3 位

286 $n=19,\ 20$

287 $\dfrac{1}{2}$

288 0

289 $n=57$

290 24 回

291 (1) 3 (2) 3

292 (1) $11+2h$ (2) $4a-1+2h$

293 (1) 2 (2) 1

294 $f'(-1)=6,\ f'(2)=0$

295 $a=2,\ b=-5$

296 (1) $2x$ (2) 0

297 (1) 4 (2) $2x-2$
(3) $6x+6$ (4) $3x^2-10x$
(5) $-6x^2+12x+4$ (6) $4x^2-x-\dfrac{3}{2}$
(7) $12x^2-10x$

298 (1) $2x-3$ (2) $8x$
(3) $18x+12$ (4) $3x^2-6x$
(5) $12x^2-8x+1$ (6) $3x^2+12x+12$

299 (1) $f'(2)=-1,\ f'(-1)=5$
(2) $f'(1)=11,\ f'(-2)=-4$

300 (1) $a=2$ (2) $a=-1$

301 (1) $10t-3$ (2) $v-gt$
(3) $8\pi r$ (4) $x+2y$

302 (1) $a=-3,\ b=2$
(2) $a=1$

303 $a=2,\ b=-4,\ c=3$

304 $f(x)=x^2+x+1$

305 (1) $y=4x-1$ (2) $y=-1$
(3) $y=2x$

306 (1) $y=4x-6$ (2) $y=-4x+1$
(3) $y=-2$ (4) $y=-7x+16$

307 (1) $y=x+2$ (2) $y=9x-4$

308 (1) $y=-2x$ (2) $y=-4x-1$
(3) $y=-1$

309 $y=2x-2,\ y=-6x+22$

310 $y=\dfrac{1}{5}x+\dfrac{16}{5}$

311 $k=3,\ 4$

312 (1) $x\leqq6$ で減少し，$x\geqq6$ で増加する。
(2) $x\leqq-2$ で増加し，$x\geqq-2$ で減少する。

313 (1) $x\leqq0,\ 2\leqq x$ で増加し，
$0\leqq x\leqq2$ で減少する。
(2) $x\leqq-1,\ 0\leqq x$ で増加し，
$-1\leqq x\leqq0$ で減少する。
(3) $-1\leqq x\leqq1$ で増加し，
$x\leqq-1,\ 1\leqq x$ で減少する。
(4) $x\leqq1,\ 2\leqq x$ で増加し，
$1\leqq x\leqq2$ で減少する。

314 (1) $x=-1$ で 極大値 4
$x=1$ で 極小値 0

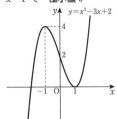

(2) $x=1$ で 極大値 6
$x=3$ で 極小値 -2

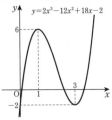

(3) $x=-1$ で 極小値 -5
$x=3$ で 極大値 27

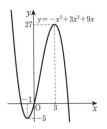

315 (1) $f'(x)=3x^2+2>0$
よって，$f(x)$ はつねに増加し，極値をもたない。
(2) $f'(x)=-3x^2-3=-3(x^2+1)<0$
よって，$f(x)$ はつねに減少し，極値をもたない。

316 (1) $x=2$ のとき 最大値 16
$x=-1$ のとき 最小値 -11
(2) $x=0$ のとき 最大値 2
$x=-2$ のとき 最小値 -18
(3) $x=2$ のとき 最大値 21
$x=-1$ のとき 最小値 -6
(4) $x=-1,\ 2$ のとき 最大値 2
$x=-3$ のとき 最小値 -18

317 $a=3,\ b=1$
$x=-2$ のとき 極大値 21

318 $a=2$

319 (1) $k=-4$ (2) 0

320 $x=8,\ y=4$ のとき
最大値 64π (cm³)

321 $x=0,\ 4$ のとき 極小値 0
$x=2$ のとき 極大値 4

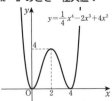

322 $-\dfrac{1}{3}\leqq a\leqq0$

323 (1) 1個　(2) 2個
(3) 3個　　　　(4) 3個

324 $a<1,\ 2<a$ のとき　1個
$a=1,\ 2$ のとき　2個
$1<a<2$ のとき　3個

325 $-4\sqrt{2}<a<4\sqrt{2}$

326 $f(x)=x^3+4-3x^2$ とおくと
　$f'(x)=3x^2-6x=3x(x-2)$
$f'(x)=0$ を解くと　$x=0,\ 2$
区間 $x\geqq0$ における $f(x)$ の増減表は，次のようになる。

x	0	……	2	……
$f'(x)$	0	−	0	+
$f(x)$	4	↘	極小 0	↗

ゆえに，$x\geqq0$ において，$f(x)$ は $x=2$ で最小値 0 をとる。
よって，$x\geqq0$ のとき $f(x)\geqq0$ であるから
　$x^3+4-3x^2\geqq0$
すなわち　$x^3+4\geqq3x^2$
等号が成り立つのは $x=2$ のときである。

327 $f(x)=2x^3+5-6x$ とおくと
　$f'(x)=6x^2-6=6(x^2-1)=6(x+1)(x-1)$
$f'(x)=0$ を解くと　$x=-1,\ 1$
区間 $x\geqq1$ における $f(x)$ の増減表は，次のようになる。

x	1	……
$f'(x)$	0	+
$f(x)$	1	↗

よって，$x\geqq1$ のとき $f(x)>0$ であるから
　$2x^3+5-6x>0$
すなわち　$2x^3+5>6x$

328 $0<a\leqq2$

329 $b<-\dfrac{\sqrt{6}}{2},\ \dfrac{\sqrt{6}}{2}<b$

330 $0<a<44$

331 (1) $-2x+C$　(2) x^2+C

(3) $x^3+\dfrac{1}{2}x^2+C$　　(4) $\dfrac{2}{3}x^3-3x+C$

(5) x^2-x+C　　(6) $\dfrac{3}{2}x^2-3x+C$

(7) $\dfrac{1}{3}x^3+\dfrac{3}{2}x^2+C$

(8) $-\dfrac{2}{3}x^3+3x^2-4x+C$

(9) $x-\dfrac{1}{2}x^2-\dfrac{1}{3}x^3+C$

(10) $x^3-\dfrac{1}{2}x^2+x+C$

332 (1) $\dfrac{1}{3}x^3-\dfrac{1}{2}x^2-2x+C$

(2) $x^3-\dfrac{1}{2}x^2+C$

(3) $\dfrac{1}{3}x^3+x^2+x+C$

(4) $2x^3-\dfrac{1}{2}x^2-2x+C$

333 (1) $F(x)=2x^2+2x+1$
(2) $F(x)=-x^3+x^2-x$

334 (1) $\dfrac{1}{2}t^2-2t+C$

(2) $3t^3-t^2+C$
(3) y^3-y^2-y+C
(4) $-3u^3-\dfrac{5}{2}u^2+2u+C$

335 $f(x)=x^3-4x+3$

336 $f(x)=x^3+\dfrac{5}{2}x^2+2x+\dfrac{3}{2}$

337 (1) 9　(2) 0　(3) 12

338 (1) 9　(2) $-\dfrac{16}{3}$　(3) 21
(4) 3　　　　(5) 0

339 (1) 9　(2) -15

340 (1) 4　(2) -5
(3) 240　　(4) -20

341 (1) 0 (2) 6 (3) $\dfrac{8}{3}$ (4) $\dfrac{4}{3}$

342 (1) 6 (2) $\dfrac{8}{3}$ (3) $2a^3-2a$

343 (1) x^2+3x+1 (2) $-(2x-1)^2$

344 (1) $f(x)=2x-3$ $a=-2$
(2) $f(x)=4x+3$ $a=1,\ -\dfrac{5}{2}$

345 (1) $f(x)=x-\dfrac{9}{4}$
(2) $f(x)=3x^2-2x-4$

346 $x=1$ で, 極大値 $\dfrac{4}{3}$
$x=3$ で, 極小値 0

347 (1) $-\dfrac{1}{6}$ (2) $-\dfrac{125}{6}$
(3) $-4\sqrt{3}$ (4) $-\dfrac{125}{54}$

348 (1) 12 (2) $\dfrac{22}{3}$ (3) $\dfrac{23}{6}$

349 (1) $\dfrac{9}{2}$ (2) $\dfrac{16}{3}$
(3) $8\sqrt{2}$ (4) $\dfrac{4}{3}$

350 (1) 24 (2) $\dfrac{13}{3}$

351 (1) $\dfrac{9}{2}$ (2) $\dfrac{32}{3}$

352 (1) 13 (2) $\dfrac{8}{3}$

353 $a=\dfrac{3}{4}$

354 (1) $y=4x-4$ (2) $\dfrac{2}{3}$

355 (1) $y=-4x-4$ と $y=4x-12$
(2) $\dfrac{16}{3}$

356 (1) $\dfrac{4}{3}$ (2) $\dfrac{1}{3}$

357 $\dfrac{71}{6}$

358 $\dfrac{27}{4}$

359 (1) 5 (2) $\dfrac{9}{2}$

360 (1) $\dfrac{23}{3}$ (2) $\dfrac{31}{6}$

361 (1) $\dfrac{9}{2}$ (2) $\dfrac{8\sqrt{2}}{3}$

362 $a=3$

スパイラル数学II　　　　　本文基本デザイン──アトリエ小びん

● 編　者　実教出版編修部

● 発行者　小田　良次

● 印刷所　寿印刷株式会社

● 発行所　実教出版株式会社
　　　　　〒102-8377
　　　　　東京都千代田区五番町5
　　　　　電話＜営業＞(03)3238-7777
　　　　　　　＜編修＞(03)3238-7785
　　　　　　　＜総務＞(03)3238-7700
　　　　　https://www.jikkyo.co.jp/

002502023　　　　　　　　　ISBN 978-4-407-35150-7

常用対数表（1）

数	0	1	2	3	4	5	6	7	8	9
1.0	.0000	.0043	.0086	.0128	.0170	.0212	.0253	.0294	.0334	.0374
1.1	.0414	.0453	.0492	.0531	.0569	.0607	.0645	.0682	.0719	.0755
1.2	.0792	.0828	.0864	.0899	.0934	.0969	.1004	.1038	.1072	.1106
1.3	.1139	.1173	.1206	.1239	.1271	.1303	.1335	.1367	.1399	.1430
1.4	.1461	.1492	.1523	.1553	.1584	.1614	.1644	.1673	.1703	.1732
1.5	.1761	.1790	.1818	.1847	.1875	.1903	.1931	.1959	.1987	.2014
1.6	.2041	.2068	.2095	.2122	.2148	.2175	.2201	.2227	.2253	.2279
1.7	.2304	.2330	.2355	.2380	.2455	.2430	.2455	.2480	.2504	.2529
1.8	.2553	.2577	.2601	.2625	.2648	.2672	.2695	.2718	.2742	.2765
1.9	.2788	.2810	.2833	.2856	.2878	.2900	.2923	.2945	.2967	.2989
2.0	.3010	.3032	.3054	.3075	.3096	.3118	.3139	.3160	.3181	.3201
2.1	.3222	.3243	.3263	.3284	.3304	.3324	.3345	.3365	.3385	.3404
2.2	.3424	.3444	.3464	.3483	.3502	.3522	.3541	.3560	.3579	.3598
2.3	.3617	.3636	.3655	.3674	.3692	.3711	.3729	.3747	.3766	.3784
2.4	.3802	.3820	.3838	.3856	.3874	.3892	.3909	.3927	.3945	.3962
2.5	.3979	.3997	.4014	.4031	.4048	.4065	.4082	.4099	.4116	.4133
2.6	.4150	.4166	.4183	.4200	.4216	.4232	.4249	.4265	.4281	.4298
2.7	.4314	.4330	.4346	.4362	.4378	.4393	.4409	.4425	.4440	.4456
2.8	.4472	.4487	.4502	.4518	.4533	.4548	.4564	.4579	.4594	.4609
2.9	.4624	.4639	.4654	.4669	.4683	.4698	.4713	.4728	.4742	.4757
3.0	.4771	.4786	.4800	.4814	.4829	.4843	.4857	.4871	.4886	.4900
3.1	.4914	.4928	.4942	.4955	.4969	.4983	.4997	.5011	.5024	.5038
3.2	.5051	.5065	.5079	.5092	.5105	.5119	.5132	.5145	.5159	.5172
3.3	.5185	.5198	.5211	.5224	.5237	.5250	.5263	.5276	.5289	.5302
3.4	.5315	.5328	.5340	.5353	.5366	.5378	.5391	.5403	.5416	.5428
3.5	.5441	.5453	.5465	.5478	.5490	.5502	.5514	.5527	.5539	.5551
3.6	.5563	.5575	.5587	.5599	.5611	.5623	.5635	.5647	.5658	.5670
3.7	.5682	.5694	.5705	.5717	.5729	.5740	.5752	.5763	.5775	.5786
3.8	.5798	.5809	.5821	.5832	.5843	.5855	.5866	.5877	.5888	.5899
3.9	.5911	.5922	.5933	.5944	.5955	.5966	.5977	.5988	.5999	.6010
4.0	.6021	.6031	.6042	.6053	.6064	.6075	.6085.	.6096	.6107	.6117
4.1	.6128	.6138	.6149	.6160	.6170	.6180	.6191	.6201	.6212	.6222
4.2	.6232	.6243	.6253	.6263	.6274	.6284	.6294	.6304	.6314	.6325
4.3	.6335	.6345	.6355	.6365	.6375	.6385	.6395	.6405	.6415	.6425
4.4	.6435	.6444	.6454	.6464	.6474	.6484	.6493	.6503	.6513	.6522
4.5	.6532	.6542	.6551	.6561	.6571	.6580	.6590	.6599	.6609	.6618
4.6	.6628	.6637	.6646	.6656	.6665	.6675	.6684	.6693	.6702	.6712
4.7	.6721	.6730	.6739	.6749	.6758	.6767	.6776	.6785	.6794	.6803
4.8	.6812	.6821	.6830	.6839	.6848	.6857	.6866	.6875	.6884	.6893
4.9	.6902	.6911	.6920	.6928	.6937	.6946	.6955	.6964	.6972	.6981
5.0	.6990	.6998	.7007	.7016	.7024	.7033	.7042	.7050	.7059	.7067
5.1	.7076	.7084	.7093	.7101	.7110	.7118	.7126	.7135	.7143	.7152
5.2	.7160	.7168	.7177	.7185	.7193	.7202	.7210	.7218	.7226	.7235
5.3	.7243	.7251	.7259	.7267	.7275	.7284	.7292	.7300	.7308	.7316
5.4	.7324	.7332	.7340	.7348	.7356	.7364	.7372	.7380	.7388	.7396